口絵１　モンゴルの遊牧
口絵２　南フランスのオオムギ畑

シベリア
ーン
モンゴル高原
オホーツク海
ベーリング海
天山山脈
タクラマカン砂漠
タリム盆地
ル
ト
祁連山脈
崑崙山脈
チベット高原
ヒマラヤ山脈
遼東半島
渤海
朝鮮半島
山東半島
日本列島
アジア夏穀類ゾーン
雲貴高原
台湾
インドシナ山地
インド
インドシナ半島
太平洋
マレー半島
ボルネオ島
スラウェシ島
オーストラリア

口絵３　人工衛星から見たユーラシアの植生
（©NASA’s Earth Observatory）

口絵４　インドネシア・スラウェシ島の棚田
口絵５　中国・内モンゴル自治区のアワ畑

中公新書 2367

佐藤洋一郎著

食の人類史

ユーラシアの狩猟・採集、農耕、遊牧

中央公論新社刊

はじめに

朝食後、身支度を調えると家を出て職場に向かう。ビルの入り口のコンビニでペットボトル入りの水を買って研究室に行く。昼は近くの食堂で定食を注文する。午後は外の会合に出席して夕飯は仲間らと市内で一杯やりながらとる。――わたしのある日の食事である。この日の朝食はご飯と味噌汁《みそしる》。朝の味噌汁作りは習慣化したわたしの日常である。具は、とうふにネギ。材料は近くのスーパーで週末に買ったものである。

このようにして眺めてみると、この日わたしが食べるためにしたことは、前夜寝る前に米を研ぎ炊飯器をセットした作業と、朝、味噌汁を作る作業だけである。昼も夜も、わたしは食べるための準備に時間をまったく使わなかったし、さらにエネルギーも使わなかった。しかしおそらくこれは今の日本の大都市で暮らす勤め人の平均的暮らしであろう。そしてそれは老若男女問わず平均化してきているように思われる。

友人の一人である間藤徹《まとうとおる》さんはラオスの調査に出向いたとき、現地のある少女からこう問われた。「あなたがここにいる間、あなたの田の面倒は誰《だれ》がみているのか」と。彼女には、何日も土地を離れて暮らす大人の姿が理解できなかったのである。彼女はその背に、まだ歩くこともできない弟だか妹だかを背負っていたという。

二つの事例はある意味で対極的な事例である。食べるという自分の命をつなぐための作業をほとんどなにもしない人びとと、活動時間のほとんどを自分や家族が食べるために費やす人びと。人類は今、この二つのタイプに、どんどん「二極分化」しつつあるようである。

現代日本人の多く、とくに都市部に住む人びとの多くが前者のような暮らしを送っている。では、彼らは時間を何に使っているのだろうか。むろん仕事のため——彼らはそう答えるだろう。その仕事とはセールスだろうか。わたしと同じく学校の先生をしている人もいるだろう。電車やバスの運転をしている人もいる。要するに、みな誰かのために働いている。そして外で働く誰かのために、食べるものを作ったり調理したりする人びともいる。問題は、わたしたちが、自分の食が名前も顔も知らない他者によって支えられているということを忘れてしまっているところにある。われわれは何びとであるかを問わず、食べつづけなければならないのである。生きている間は。

＊

人はいったい、どのように食べてきたのだろうか。多くの人びとが「食べる」ための具体的な作業をしなくなった社会では、食べる営みがどういうものであるかをトータルに理解している人はごく少なくなってきている。ネット社会に浸透する「想像力の低下症候群」が、事態を急速に悪くしている。今こそ、食べる営みをざっと眺めておく必要があるだろう。人類は誕生以来の数百万年の間、何を、どのように食べてきたのだろうか。

日本にいるわたしたちは、食を支える行為をすぐ農耕に求めたがる。たしかに、この二〇〇年ほどの世界人口の急増を支えたのは間違いなく農業生産の増加にある。しかし、農業生産の増加が他の生業《なりわい》、たとえば漁撈《ぎょろう》を含めた狩猟や採集にどう影響したか――異なる生業の間で土地や水の取り合いがおきなかったのか――、農業生産の増加のために環境にどれほどの負荷がかかったのか。言葉を換えていえば、人類が生きてきたことが地球システムをどう作りかえ、その地球システムは人類の活動にどう反作用したのか。そうしたことを深く考えることなく、わたしたちはわたしたちの食べるものが農耕の産物だと思ってしまう。

しかしわたしたちは農耕だけで食べているのではない。日本社会はここ二〇〇〇年間ほど農耕社会であったといわれてきたが、それでは魚食の営みやその文化を農耕文化と言いくるめてよいものだろうか。本書は、農耕だけでなく、狩猟・採集や遊牧を含めた食にかかわるいろいろな生業についた人びととその集団の動きや集団相互のかけひき、生業相互の関係の歴史を、ごく簡単に眺めてみようというものである。それなしに未来の人類の食を考えるなど、できないと考えるからである。

これまで、人類の生業を、その生業ごとに研究した研究者はたくさんいた。詳しいことは本文中に述べるが、しかしそれらを一体的にみた研究はそれほど多くないのではないか。つまり、生業史《せいぎょうし》がひとつのものとして語られてきたことはあまりないのではないか——これがわたしの二つ目の問題意識である。

**

わたしが本書を書いてみたいと思ったもうひとつの理由が、未来における人類の食のあり方を考えてみようというところにある。世界の人口は、二一世紀の冒頭に六〇億人を超え、その後も一年に一億人強のスピードで増えつづけている。このままのスピードで人口が増えつづければ、やがては衣食住を支える資材が足りなくなるときが来ることは誰の目にも明らかである。ただし、人類の生存を支える資材の生産は二〇世紀の後半から順調に伸びている。たとえば二〇一〇年の時点でみれば、穀類の全生産量は、一人当たりに換算すると年平均三〇〇キログラム強にもなる。カロリーにすると一人一日当たり三〇〇〇キロカロリーを超過する値で、明らかに過剰である。だから、短期的には人類の全体が飢えにあえぐようなときはすぐには来ないようにも思える。しかし一方、この世界には、飢餓にあえぐ人が総人口の一割はいるといわれる。資源配分のアンバランスや無駄など、さまざまな人間的要素が関係しているのである。

そもそも、人類が今後生きてゆくのに必要最低な資材の量はどれくらいか。地球はどれほどの人口を養えるのか。これらの問いに答えを出すのは簡単なことではないが、今までの人類の生業の成り立ちや今に至る経緯を理解せずには答えを出すことなど不可能であろう。ケージに入れられたニワトリやブタならばいざ知らず、わたしたちはそれぞれ固有の、長い歴史に育《はぐく》まれた文化を持つ人間なのだから。

つい最近まで、人口問題といえば人口の増加とそれによる食料やエネルギーの不足ばかりが取りざたされてきた。しかし日本はじめ先進国や先進地域では、人口の増加よりもむしろ人口の減少がもたらす影響が心配されている。二〇世紀後半以降、誰も考えもしなかったこの問題は、しかし、相当に深刻な問題である。各国の優れた政治家にも人口減少がもたらす影響の大きさはなかなか予測がつかないようで、日本でも「成長戦略」という、いまやその実体を失いつつある語を連発する政治家が今もいる。

＊＊＊

本書は五章立てとした。第一章では、そもそも人が生きるとはどういうことかをおさらいしてみた。本書では、「なりわい」の語をとくに衣食住に必要な資材を手に入れる活動に限定して使うことにするが、ここでは人類史上の大部分がそうであった狩猟と採集の生業について書いた。第二章は農耕のはじまりである。第三章では、ユーラシアにおける大きな生業圏である東側のアジア夏穀類《なつこくるい》ゾーンにおける生業のあらましを、そして第四章ではユーラシアの西半分に展開する麦農耕ゾーンにおけるそれを概説している。そして第五章では、三つの生業の相互作用——つまりかかわりあいについて説明してある。

なお、現時点でユーラシアには規模の大きな狩猟・採集民はいないので、現存するのは農耕民と遊牧民だけである。しかし、現在この地球上に住む人類集団のなかで、農耕だけ、遊牧だけで暮らす集団はいない。高度に進んだ（と思われている）日本の社会でも、多くの人が、狩猟の一類型である漁獲の産物からタンパク質を得ているし、また精神的な面でも、休日には魚釣りに興じ、また春や秋にはキノコ狩り、タケノコ狩り、山菜採りといった活動にいそしむのはその何よりの証拠である。日本社会はなんといっても、世界に冠たる魚食社会で、かつ食べる魚の多くは天然魚である。つまり、漁獲に関していえば日本人は——自分では漁獲はしないまでも——狩猟社会の伝統を受け継いだ社会に生きている。

このように考えれば、狩猟と採集、農耕、遊牧の三つの生業は、互いに関係しあいながら、かつ互いに干渉しあって成り立ってきた。本書では、そのダイナミズムを描き出してみたいと思う。浅学非才《せんがくひさい》を顧みず、という語がある。今回のわたしのこの試みはまさにそれであることは自覚しているが、あえて挑戦してみることにした。

生業は、人間が暮らしてゆくための社会的な活動をさす言葉だが、ここでは衣食住に直接かかわる、狩猟・採集、遊牧、農耕に絞って考えることにする。また、趣旨に照らして考えれば、全球レベルの議論をすべきではあったがそれは将来の課題に残すこととして、ここではユーラシアを中心に議論を進めることにしたい。

目次

第三章　アジア夏穀類ゾーンの生業――89

第五章　二つの生業のまじわり

終章　未来に向けて

本文中では敬称を略した。
写真はすべて著者撮影による。

第一章　人が生きるということ

生きるとはどういうことか

生きることは食べること

今の日本で、生きるとはどういうことかと人びとに問うてみるとしよう。いろいろな答えが返ってくることだろう。特定の宗教を持つ人と持たない人とでは、その答えはきっと違う。何か仕事に打ち込んでいる人は、「生きがいを持つ」という意味で「生きる」という語を使うかもしれない。重病に冒されたか、あるいは大けがをして病床にある人なら、いのちの灯をともしつづけることにその語の意味を見出《みいだ》すかもしれない。あるいは自分にとって一番大切な人がそのような状況におかれているとき、その人のいのちを守ることが生きるということだと感じることもあるだろう。

しかしどのような場合にも、そしてどのような立場の人にも共通しているのが、生きるとは食べるということではないだろうか。むろん、「人はパンのためだけに生きるものではない」けれども、パンがなければいのちの灯をともしつづけることはできない。これほど科学が進み技術が発達しても、人は食べつづけなければならない。人は生まれ落ちてから死の直前まで食べつづけるのである。生きるとは、食べることである。そして人は生きるために、身の回りのさまざまなものを食べてきた。ヒトという種《しゅ》は、この意味で、生態系の一員でありつづけている。

人が、生きている限りは食べつづけなければならないということを改めて意識したのは、宇宙ステーションに滞在する飛行士たちのようすがテレビで報じられたときであった。ハイテクの塊のような宇宙ステーション。その、超ハイテク環境のもとでも、彼らは、じつに古典的な方法で生命をつないでいた。宇宙ステーションで暮らす飛行士たちのいのちをつなぐのが、食べるという、手で口に食品を運ぶ行為に支えられていることに、わたしは新鮮な驚きを覚えたのだった。

食べるという行為がこれほどまでに重要な行為だというのに、今のわが国ではとても軽んじられている。食べることに時間やエネルギーを使うことを、さももったいないことであるかのように考える風潮。食べることにエネルギーを使うことを、さもしいことであるかのように考えたり「大のおとなが食べることを考えるなど邪道」といった古い考えもまだ健在である。そして、世界には総人口の一割を超える人びとが飢えに苦しんでいるという現実に関心を払おうとさえしない人びと。食に無頓着《むとんちゃく》である反面で、世界中から食料を買い集めてグルメに興じる風潮も変わることはない。どれもこれもが食べるという行為の軽視であり、ある意味で蔑視《べっし》である。しかし、それでよいのだろうか。ここで改めて「食べる」ということの意味を考えてみよう。

人が生物として生きるのに欠かせない栄養素が、糖質（炭水化物）とタンパク質、脂質である。むろんほかにもビタミンやさまざまなミネラルも欠かせない要素ではあるが、この三つはとりわけて重要な栄養素である。脂質の一部はヒトの体内でも合成できるが、糖質と、タンパク質を構成する二〇のアミノ酸のいくつかは、ヒトの体内では作れない。そこで、本書ではこれらの栄養素のなかから、とくに糖質とタンパク質を取りあげて考えることにする。

糖質とは、いうまでもなく、生命維持に必要なエネルギーの源である。生き物の身体を作る細胞がつかさどるさまざまな反応のエネルギーとして、あるいはそれらさまざまな反応を支える体温の維持などに糖質は欠かせない。農耕が登場する以前の人びとは、果実や蜂蜜《はちみつ》に含まれる糖とともに、植物がその種子や茎、根などにためたデンプンを採って食べてきた。

動物としてすぐ使えるエネルギーは、ブドウ糖をはじめとする分子量の小さい糖分である。しかしそれらは分解しやすく、保存性が悪いうえ、一年のうちの決まった時期にしか手に入らないことが多い。

都市が登場して人口が集中するようになってからは、糖の分子が集まってできたデンプンが、エネルギー源として重要性を増すようになった。デンプンのかたちをとれば、エネルギーは長期にわたる保存が可能なうえ、運搬にも便利である。多くの人口を擁する都市の人びとの食を満たすには、生産(獲得)から消費までの時間がどうしても長くなってしまう。農耕がその発展の過程で穀類の生産に偏っていった背景には、こうした、都市民の食の特性が深く関係している。

都市ができると、多くの人びとが共通に使う施設——たとえば宗教施設、交易のための施設である道路や集会場や宿など——も必要になった。行政のための施設もむろん必要である。もっぱらこれらの建造だけに携わる人びとも出て、自ら食料や生活財の生産に携わらない人口——非農耕人口がますます増える。ちょうど気圧配置のうえで、低気圧の発達が隣接する高気圧の発達を促すように、非農耕者が集う都市の発展が農耕という生業を盛んにしたともいえる。

タンパク質は筋肉、骨、臓器や血などを作る栄養素で、人間はそれを、魚を含む野生の動物、家畜、一部のマメ類などから摂取してきた。糖質がデンプンのかたちで長期保存に耐えるのに対して、タンパク質は一般的には保存が困難である。人類は長らく、タンパク質を遠くに運ぶ方法を知らなかった。その例外がダイズである。タンパク質は必ずしも動物からだけ得られるのではない。ダイズのように、たくさんのタンパク質をその種子に蓄えるものがある。

ここで大事なことをひとつ指摘しておきたい。それは、定住した人類社会が、糖質とタンパク質を、同じ場所で生産し、かつ一体的に調理し食べるシステムを作り上げてきたということである。わたしはこれを、「糖質とタンパク質の同所性」と呼んでいる。これは本書の重要な構成要素のひとつであり、あとで詳しく書くことにする。

食べることは運ぶこと

これまでのところでは、衣食住のなかの食について、その資材の生産の面をみてきた。では、食べるという消費の面からみればどうなるだろうか。雑食動物たる人類は、動物質、植物質の食材をバランスよく食べることが必要である。雑食というと何を食べてもよいことと聞こえるがそうではない。むろん何を食べてもよいのだが、原則は、両方の食材からの栄養摂取が欠かせないということである。人類はまた、生きるために食材を求めて放浪を重ねてきた。生きるために必要な資材を集めるのは自己責任であって、それに失敗することは直ちに死を意味した。

第二章に書くように、定住化が進むと、必要な資材の生産の一部を他者に依存するシステムが出来上がる。農業がそれである。しかし食材は腐る。腐った食材はそれを食べた人の命を奪うこともまれではなかった。食材を腐らせずに保存し、そして運ぶこと――これが、人類の食にとっての究極の課題であった。安全・安心はなにも現代だけの課題ではないのである。

植物性の食材の確保のために人間がとった行動は、保存が効き運びやすいものを選び出すことであった。蜂蜜やベリーなど、手近に入手できる食材は太古から知られてきたが、それらはいつでもとれるわけではなく、また輸送や貯蔵が困難なことが多い。それらの多くは、現代に至るまで、主にはローカルなシステムのなかで生産され消費されてきた。いっぽうで糖質は日々欠かせない栄養素であるから、安定供給を可能にするシステムがなければ社会は大きくもなれないし、また安定もしない。そこで、人口が増え社会のしくみが複雑化するにつれて、これらローカルな糖質に代わり堅果《けんか》や穀類が持つデンプンのウェイトが高まった。地域によってはイモ類やマメ類も使われた。どれも水分の含有率が低いために軽く、保存しやすかった。

動物性の食材を腐らせずに保存しておくのは、糖質を保存するよりさらに難しかった。その困難さは今にも通じ、それゆえに動物性の食材は今でも、多少なりともそれぞれの地域に固有である。食材の保存は、微生物との闘いであったといって過言ではない。腐るとは、微生物による食物の変性で、微生物が出す毒素によりヒトの健康が損なわれる。もしその微生物が出すものが人間にとってよいものであれば、それは腐敗ではなく発酵である。腐敗と発酵の違いは紙一重である。

さて、タンパク質の保存のために人間が発明した技術は、大きく分けて、乾燥、塩類や酸などによる脱水や殺菌、発酵、加熱、冷蔵や冷凍、燻蒸《くんじょう》そして密閉などになると思う。そして、これらは、多くの場合、組み合わされ、その地域や時代に固有の技術の体系をなしてきた。たとえば、かつおぶしは、ゆでた（熱処理した）うえ乾燥し、さらにカビづけという発酵の手段を用いることで保存性を高めている。魚醬《ぎょしょう》は、塩による微生物の制御と発酵を主体にする（ときには熱処理を行う）。欧州などでよくみられるベーコン、ハム、ソーセージなどの食品は、塩蔵と発酵、さらに燻蒸などの技術が組み合わされている。チーズも、塩蔵、発酵などの工程を経て製品となる。

密閉もまた有効な保存法である。しかしそれには、そのための容器や包装材が要る。古い時代には植物の葉や動物の皮膚などに包むという方法が発達したり、また密閉のための容器（土器、瓶、缶など）の発明を促したりもした。また第二次世界大戦以後の化学工業隆盛の時代には、ビニールなどによる密閉・包装が著しい発達を遂げた。これと、さまざまな有機塩類などを使った殺菌剤や保存剤の開発によって、動物性の食材を地球規模で運ぶことが可能になった。食材をどのように保存してきたかは、その土地の風土に依存するところが大きい。

糖質とタンパク質のパッケージ

生物としてのヒトが食べる行為は、生存に欠かせない栄養素の摂取を目的としている。そしてそのために動物質、植物質双方の食材を得てきたことは、前項にも書いたとおりである。同じ哺乳《ほにゅう》動物のなかでも、草食（食植性）動物と肉食（食肉性）動物とでは食べるものがまったく異なる。ただし糖質やタンパク質を必要とする点では、どの動物もまったく変わらない。肉食動物は、草食動物をハントするとその血液や消化管の内容物を好んで食べるという。いっぽうで、草食動物は、植物からあらゆるものを摂取しなければならない。植物細胞もいくらかのタンパク質を含むから、そこからタンパク質を摂取している。ただし、よほどの量を食べないと必要な量のタンパク質は摂取できない。彼らが一日中口を動かしている理由の一つはここにある。

ヒトはどうか。ヒトを含めて近縁の動物では、動物の骨をかみ砕いたり肉を食いちぎったりする力は肉食動物に比べてずっと弱い。生肉や腐肉を消化するほどの強力な消化液も持っていない。植物性の食材を食べる場合も、草食動物のように発達した腸や酵素を持たず、セルロースを消化したり、そこに含まれる少量のタンパク質を利用したりすることができない。せいぜい、種子や果実などの柔らかい組織から糖分を摂取できる程度なのだ。だからヒトは、比較的柔らかく消化のよいものを、動物質、植物質を問わず摂取しなければならなかった。

ヒトの消化力の弱さを助けたのが、火を使ったり発酵させたりする調理の発明であった。調理は食物を柔らかくし消化をよくしたり、またアク抜きすることによって、食材の範囲を大きく広げた。それはまた、殺菌、消毒の役割も果たした。これによって、とくに乳幼児の健康状態は大きく改善し、また死亡率の低下にもつながったことだろう。だから調理は、まさに「必要の母」であった。

定住化を進めた人間の社会は、集落の付近で動物質、植物質双方の食材を手に入れることを余儀なくされた。現代に住むわたしたちはこれらを別のもの、つまり違う場所から供給される別のものと考えているが、歴史的にみれば両者は同じ場所、ないしはきわめて近接した場所で作られ、あるいは採られ、調理されて食されてきたのである。二つの栄養素のこの関係を、ここでは「糖質とタンパク質の同所性」と呼ぶことにしよう。そしてこの関係は、その土地の風土に応じてさまざまなかたちをとってきた。それは、モンスーン地帯では、「米と魚」または「雑穀と魚」というかたちをとった。欧州や西アジアでは、「ジャガイモとミルク」または「麦とミルク」というかたちが出来上がった。欧州の大西洋側の地域では、「ジャガイモと魚」というかたちも出来上がった。インド社会は、肉食禁忌の長い歴史を反映して、「雑穀と豆」「米と豆」あるいは「雑穀とミルク」というかたちをも作りあげた。

同じ地域でも、出来上がったかたちは時代により異なる。欧州における「ジャガイモとミルク」や「ジャガイモと魚」のジャガイモは、明らかに一六世紀以降のものである。日本列島でも、東北地方の北部が「米と魚」のかたちを持つようになったのは近世以降であり、それ以前は、「雑穀と魚」の地域であった。

食べるという行為の社会化

ところで、食べるということがもたらしたものがもうひとつある。それが社会性の発達である。つまり、人間は食べるという行為を通して社会性を高めたということである。社会性動物の一員として、ヒトはもともと、群れ（集団）で食べる習性を持っていた。身体も小さく、身体能力に長《た》けているわけではないヒトには、そうするしか生きる道はなかった。みんなでとって、みんなで食べる。もちろん、みんなでとったものの配分にはいろいろなルールがあったことだろう。

調理が始まると、食はいっそう社会化した。集団内での分業化を推し進めたということだろうか。食材を獲《と》ったり採ったりする役目、燃料を集める役目、調理する役目。それぞれに固有の技術があり、それは世代を越えて次世代に伝えられた。調理の基本は、中尾佐助《なかおさすけ》も指摘するように、加熱と、そして食材の保存にある。加熱のもっとも原始的なスタイルは直火《じかび》で焼いたり蒸し焼きにするという手法だろうが、これは、火を囲んでの食事というスタイルを定着させたことだろう。また、熱を加えることで食材を柔らかくし、殺菌、毒消しが可能となり、食材のレパートリーもぐんと広がった。穀類やイモ類が有効に利用できたのも、加熱によるデンプンのアルファ化ができたからである。デンプンは、種子に蓄えられたままの状態では硬く、また消化も悪いが、熱が加わることで分子の構造が変わって柔らかくなり、また消化もよくなる。この状態になることをアルファ化といい、加熱の意味合いのひとつとなっている。

食材の保存は、調理のプロセスを長くした。採ってきた(あるいは収穫した)食材を保存するためには、適切に処理し、発酵などの複雑なプロセスを間違いなくこなし、さらに保存中にも適切な管理をすることが必要である。ぬかみその糠床《ぬかどこ》をよくかきまぜたり、貯蔵庫の温度管理をするなどはまさにそれであった。もしこれに失敗すると食材は腐敗し、集団を構成する人びとの生命は危機にさらされる。食中毒はこの一例で、当時の食材の保存は集団全体の生命維持に直結していたのである。そして、長いプロセスは知の体系化につながり（だから経験がものをいった）、作業の分業を促し、調理という仕事を専門化させていったのだろう。

農業は、他者のため、それも見ず知らずの他者のために食材を生産する生業である。それは社会的分業の結果でもあり、また同時に社会的分業を牽引《けんいん》する役割を果たした。自らの食料を自ら生産しない人びとが集まる都市では、やがて、調理を他者にゆだねる人びとも現れる。調理の外部化あるいは食の外部化のはじまりである。とくに、交易の担い手にとっては、旅先での自らの食を、安全に、また安定的に保障してくれるしくみが必要である。饗応《きょうおう》、接待のおこり、食べる視点からいえば外食のおこり、である。

ユーラシアに展開した人類の集団

人類は移動しつづけてきた

今から数万年前にアフリカを出てユーラシアに入った人類は、狩猟と採集で生きていた。彼らは高い移動能力を持ち、二万年ほど前までには、ユーラシアのほとんどの地域に入り込んでいたものとみられている。彼らは、なぜ、そのように移動を繰り返したのか。さまざまな仮説が出されてはいるが、この問いに対するはっきりとした答えは、まだない。

わたしが最近になって魅力を感じている仮説がある。それは、ヒトがもともと移動する動物だというものである。これでは答えになっていないと思われるかもしれないが、ヒトは他の哺乳動物同様、食料や水の豊かな土地、あるいは棲《す》みやすい土地を求めて移動するのがもともとの姿であった。つまり、「人はなぜ移動したか」という問いの立て方そのものに問題があった。

すなわち問いは、「人はなぜ定住するようになったのか」という問いであるべきなのだ。そしてその問いに対する答えとして適当なものは、おそらく、人口密度が高くなって移動しにくくなった、あるいは移動は他の集団との摩擦を招き、動かないことによる利得が、動くことで得られるそれより大きくなったからである。ともかく、初期人類は移動しつづけた。そして、移動先では、先住の集団と接触する機会もあった。そのひとつの事例が、ネアンデルタールとの接触であった。

現生人類の移動には、このネアンデルタールはじめいくつもの先住人類とのかかわりが大きく関係しているという見方もある。現生人類がユーラシアに入り込んだとき、そこにはすでに先住民たちが暮らしをたてていた。先住民たちも、住むのに都合のよいところを根城にしていた。種は違うとはいえ、そこは同じ人類のことである。環境に対する嗜好性《しこうせい》にそれほどの違いはない。現生人類にとってよい環境は、他の人類にとってもよい環境だったのである。

ネアンデルタールとわたしたちの祖先の間の関係はそれほど密なものではなく、むしろ疎遠だったのではないかともいわれる。むろん、食料となる野生動物や野生植物は共通だっただろうし、活動範囲も似ていたと考えられるから、彼らが互いに相手を認識していたことは確かだろう。それも、食料など生活資材の確保という面でのライバルとして。

動いたのは誰か

ところで人が動くとはどういうことか。野生動物のように、群れの個体が全部いっせいに動いたのか。人の集団の場合にもそういうことはむろんあっただろう。火山が噴火したとか、近くを流れる川が大氾濫《だいはんらん》をおこしたとか、なにかの原因で食料とする資源が一度に失われれば、群れ全体が動くしかなかっただろう。しかし、人の集団は野生動物のように日々動いているわけではなかったように思われる。とくに、明確な発情期がないヒトにあっては出産は一年を通じておこるから、そのぶん集団の移動能力は低かったと考えられる。妊婦や出産直後の乳飲み子を抱えた女性は、あてもない移動には適さなかっただろう。ある土地に、それだけの人口を支え得る資源がある限り、人の集団はむやみに動いたわけではないだろう。人がいつも集団全体で動いていたかは疑わしい。

想像の域を出るものではないが、集団の一部が新天地を求めて旅に出たケースもたくさんあったのではないだろうか。理由は、たぶん、人口増で土地がそれだけの人口を支えきれなくなったからである。その土地はまだまだ人口を支える余力を持つが、かといって今の人口すべてを支えつづけることができなくなったようなときには、集団の一部だけが動くようなことがしばしばあったに相違ない。

そのようなとき、動いたのはいったい誰だったのか。これについて、探険家で医師の関野義晴《せきのよしはる》は、動いたのは、若くて集団内での発言力が弱い人びとではなかったかという。あるいは、主流派に属さない、または主流派からにらまれているグループであったのかもしれない。とくに、その土地が豊かな資源に恵まれ、いわゆるよいところであればあるほど、移動に対するモチベーションは低かったはずである。動けばそれだけ余分なエネルギーを使うし、またリスクも高いからである。

古いしきたりにとらわれ、何かと干渉したがる旧勢力に反発するグループが、新天地に思いをはせるのは古今東西変わらない。好奇心の強い若い世代には、あるきっかけを契機に住み慣れた土地を離れるのはそれほどハードルの高いことではなかったことだろう。

ネアンデルタールとクロマニヨン

アフリカを出た現生人類が直面した問題のひとつに先住者との干渉がある。その最大のものが、ユーラシアの西部に展開していたネアンデルタールとの関係である。ネアンデルタールと現世人類であるクロマニヨンの両者の関係については、とくに欧州の研究者の間で昔から論争のタネになってきた。以前は、両者の間には、深刻な対立があったと考えられてきた。殺し合いがおき、しかもその対立は構造的で組織的なものと考えられていたのだ。その考えの根底にあるのは、ネアンデルタールは人類ではないという考え方である。そこには、人間という種を相対化できない、古い思考が色濃く残っている。

しかし最近、赤沢威《あかざわたける》らのグループなどの研究から少し趣きの違ったシナリオが登場するようになってきた。両者はいわれるほど深刻に対立していなかったらしいというのだ。いや、両者が接触する機会自体、それほど多くはなかったとみる見方もある。それに、ネアンデルタールもクロマニヨンも生きるのに必死で、好んで戦いをするほどの暇もエネルギーもなかったという考え方も強くなってきている。さらには、ドイツのペーボたちのように両者の間には遺伝子の交換があったという研究者もでてきた。ただしそれが男女合意のうえのことか、あるいはそうでなかったのかはわからない。

ネアンデルタールについては謎《なぞ》も多いが、その評価をめぐって世界的な話題になった事件がひとつある。一九六〇年、イラクのシャニダールというところにある洞窟《どうくつ》から、埋葬されたと思われるネアンデルタール人の遺体がみつかった。考古学者らが調べてゆくうち、遺体が埋葬されていたその場所から大量の花粉がみつかった。さては死者に花を手向けたか――そのように話題になったのである。もしそうだとすると、ネアンデルタールには、人の死を悼み死者を弔うという行動があったことになる。その「事件」は、「ネアンデルタールは死者を弔ったか」という議論にまで発展した。

シャニダールの謎は今も解けてはいない。大量の花粉が死者の埋葬後に流れ込んだ雨水によって持ち込まれたためかもしれないという見解が出されたことによる。しかしそれでも少なくない研究者が、ネアンデルタールたちが死者に花を手向けたかもしれないと考えている。

ネアンデルタールがこの世に生存していたのは二万五〇〇〇年以上前。以前なら、農耕と無縁と考えられていた時代のことである。ところが英国のジャーナリスト、コリン・タッジは、『農業は人間の原罪』という本のなかで、農耕のおこりは、ひょっとすると今まで考えられてきたような一万年前などというものでなく、その数倍も古い可能性があると考えた。タッジは、農耕のおこりを、ある特定の土地を囲い込むなどして次第に占有権を主張するようになったことが強く関係しているとみる。わたしも基本的にこの考えに賛成する。農耕のおこりは、従来の考えのように急速に進行した一種のイベントと考えるべきではない。それは、生態的な変化を基礎におく一種のプロセスのようなものだったと考えるのがよい。

狩猟・採集社会から農耕社会へのプロセスでは、どの地域でも、二つの生業の双方に依拠した暮らしがたてられていた。とくに、農耕だけに依拠するような社会など、あとに書くように、現代でさえも存在しない。どんな社会でも、その依存度は異にしつつも、狩猟・採集文化の要素は持ちつづけてきた。農地や集落の近く、その外に広がる人間のかかわりの及んだ土地が、狩猟・採集の対象地であった。

タッジの説は、人類の定住化の開始、農耕の開始をこの時期にまでさかのぼらせようという大胆なものである。タッジの仮説によれば、ネアンデルタールとクロマニヨンの対立は武器を持って相手を襲うようなストレートなものではなかったということになる。ただ、よい土地を囲い込んだ一部のクロマニヨンの集団にとっては、移動しつづけるネアンデルタールや、他の、移動性の高いクロマニヨンの集団は侵入者であった。しかしそれらは、排除できればそれでよく、別に殺してしまう必要はなかった。ネアンデルタールにとっても、クロマニヨンは自分たちの領域だった土地に侵入してきた異邦人だった。むろん当時を生きていたネアンデルタールにも、クロマニヨンたちが「新参者」であるとの認識もなかったことだろう。いずれにしても、人類の種の交代、移動か定住かという生活スタイルや狩猟・採集と農耕という生業スタイルの変更は、相互に浸透しあいながら徐々に進行した切れ目のないプロセスであった。

ミトコンドリアDNAからみた人の移動

さて、現生の人類は、これらネアンデルタールをはじめ先住の集団との軋轢《あつれき》を経験しながらも、今から二万年ほど前までにはユーラシアのほぼ全域に入り込み、そこを自らの大地に作りかえてきた。過去におけるヒトの移動のあらましはどうすればわかるのか。人の集団の分類に使えるひとつの方法が、いろいろな地域の人びとの集団のミトコンドリアDNAによって分類するものである。この研究手法によって、今、地上にいる人類がひとつの祖先から来たこと、その祖先はアフリカに生まれ、その後今から数万年前にアフリカを出てユーラシアに移動したことなどが明らかになったのである。

ミトコンドリアは、生物の細胞質内にある小さな器官で、細胞内のエネルギーの生産などにかかわっているといわれる。細胞内の器官とはいえ、核という細胞の司令塔からの独立性が高く、それ固有のDNAを持っている。このDNAは、ミトコンドリアDNAと呼ばれ、mtDNAなどと略記される。そしてミトコンドリアとそのDNAとは、ヒトの場合には母から子へと伝わってゆく。ある女性のmtDNAは、まったく同じ配列を持って子に伝わる。その子が男児であれ女児であれ、である。彼女の男児も母から来たDNAを持っている。ただし、彼のmtDNAは、彼の子には伝わらない。彼の子が持つmtDNAは、彼のパートナー由来のそれである。この原則によって、mtDNAの系譜を追えば、母系の系譜をたどることができる。

　mtDNAも細胞核のDNA同様、A（アデニン）、T（チミン）、G（グアニン）、C（シトシン）の四種類の塩基の並びでできていることに変わりはないが、たくさんの個人のDNAの配列を比べると、たとえばAがTに置き換わっているといった違いが随所にみつかる。これらをSNP（と書いてスニップと読む）と呼ぶ。こうしたSNPの違いを統計学的に処理すると、mtDNAの新旧の関係が推定できる。核のDNAと違って両親の遺伝子による組み換えという現象がおきないので、一〇万年といった長い時間の間におきた進化の関係を追跡できるというわけである。

　配列を注意深く調べてみると、どのタイプからどのタイプが生まれたかが追跡ができる、というわけだ。最近は分析の方法にも進歩がみられ、mtDNAにあるSNPを使った分析も進んでいる。そのぶん、ヒトの集団の動きをおおまかに把握しやすい。このSNPの変異をもと

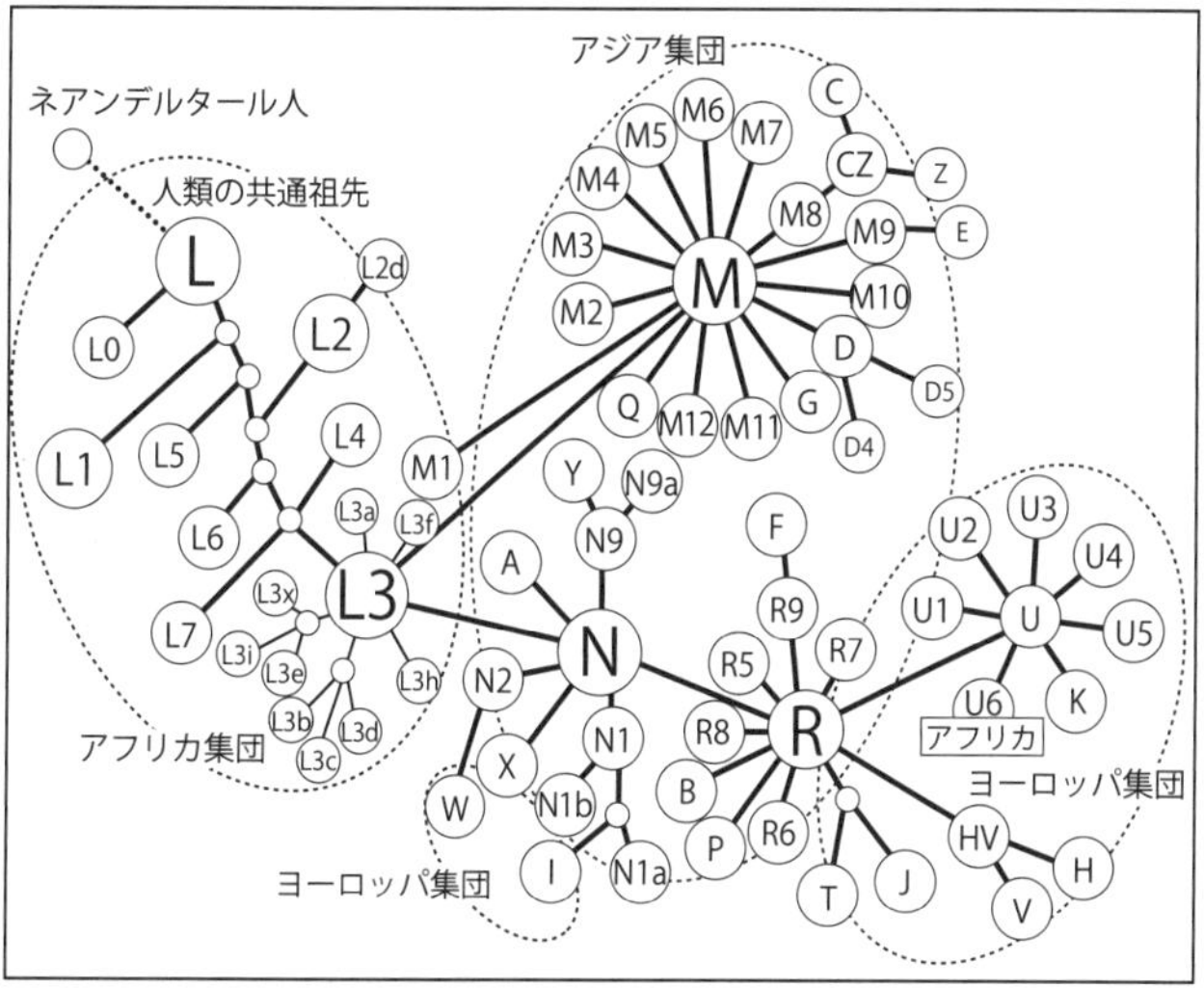

図１―１　mtDNA の変異とヒト集団（篠田謙一『日本人になった祖先たち』）

に、各地の人びとのｍｔＤＮＡの関係を描いたのが図１―１である。

図をみると、ｍｔＤＮＡのタイプは大きくいくつかのグループに分かれていて、しかも、地域による差異が認められる。つまり欧州には欧州の、アジアにはアジアの、それぞれの地域に固有なタイプがある。こうしたことから、アフリカを出てアラビア半島に入った元の集団が、一群は欧州へ、他はアジアへと流れたであろうことが想像できる。しかし、細かくみると、この地域固有性はそれほど強いものではない。だから、ひとつの地域にはさまざまなｍｔＤＮＡタイプの個人がいる。そしてそれは、あるときにやってきた一人、または少数の女性から分岐したというよりはむしろ、かなりおおもとの部分で出自を異にする女性が混ざっているようにみえる。つまり、人類はいったんユーラシア中に拡散した後、今度は集団と集団の間で相当に入り混じったらしいことがわかる。異なるmtDNAのタイプの個人が入り混じっているのだから、人びとがたんに交易のために行き来したというだけではなくて、移り住んだある土地に住み着いたか、またはそこで子をもうけたことを意味する。この結果は、「旅の男が旅先で土地の女性との間に子をもうけた」というような、よくありがちな話では説明できない。男性のmtDNAは子には伝わらないからである。

このデータは、男性ばかりか女性が動いたことを強く示しているのである。

mtDNAはミトコンドリアのDNAであるので、細胞核のDNAがつかさどる見かけの形質、たとえば皮膚の色とか毛の縮れといった形質との関係はない。しかし、長い間の地理的隔離によって、ユーラシアの各地にはその土地固有の見かけを持った人びとの集団が出来上がり、かつそれぞれが固有のmtDNAのタイプを持つようになったと考えられる。いずれにしても、ユーラシアに展開した人類の集団は「西洋人」「東洋人」というように単純に二分することはできない。

人はなぜ定住を選んだのか

先にも触れたように、ヒトはそもそも移動する習性を持っていた。その大きな理由は、食料となる動物の群れが移動するからであり、またもうひとつの資源である植物の群落が、動物の群れやあるいはヒト自身によって食いつくされるからである。それが、移動しなくなった、あるいは移動性を低めた理由としては、先にも書いたように、ヒト自体の人口密度が高くなったことが大きな原因として考えられよう。

　単位面積当たり何人の人口を支えられるかを、「人口収容力」という語で言い表すことがある。人口収容力は、その土地の環境によりさまざまだが、一般的には、植物質の食材に頼る集団が暮らす土地では相対的に大きく、反対に動物質の食材に頼る社会では小さくなる傾向がある。生態系内で、肉食動物の個体数が草食動物に比べて少ないのも、同じ理屈による。アフリカを出た人類が最初に入ったのは、紅海《こうかい》対岸のアラビア半島からさらにペルシア湾を渡った西アジアにかけての地域である。これらの地域は、おそらく、数万年前から相対的に乾燥しがちで植生にも乏しく、植物質の資源はそれほど豊かではなかった。ユーラシアに入った直後の人類は、動物質中心の資源に偏った食に頼っていたことだろう。人口は収容力の限界にすぐに達し、ヒトの集団は、高い移動能力を維持しつづけなければならなかった。

　さまざまな動物種の個体数は、もともと食物連鎖のつながりのなかで決まっている。だが、火を使い、弓矢という道具を手にしたヒトの数が増すことで、彼ら周辺の草食動物の数は大きく減少したに違いない。それだから、ヒトの集団は、周辺の資源をすぐに食いつぶし、そのために新たな土地に移動しなければならなかった。しかし、この移動能力の高さゆえに、現生人類の集団は今から二万年ほど前には、ユーラシアのほとんど全土に展開してゆく。地域によっては、人口は生態系の人口収容力いっぱいになり、移動もままならなくなっていったことだろう。新天地は、すみやかになくなっていった。

大陸全体で人口が飽和に達しようという時期になると、人の集団には定住への圧力が高まる。しかし、定住して資源を得るには、今までのような狩猟・採集のやり方では間に合わない。そうでなくても、資源は枯渇気味になっていた。世界の総人口はせいぜい数百万人程度であったといわれる。現在の人口に比べればせいぜい一〇〇〇分の一ほどの数字であるにもかかわらず、である。ここに、新たなイノベーションを受け入れる素地ができていた。定住志向が強まったことで、土地に対する関心が高まりつつあった。定住するのに、あるいはしばらくの間とどまるのに、よい土地はどこか、と。生命維持に必要な水が適量あるか、植物生産性はどうかなど、人びとの関心はそこに向かった。詳細は今のところ明らかにしようもないが、おそらくは、ある特定の植物の集団の生息地を囲い込んだり、または集落の周辺で管理したりといった行為が始まったのではないかと考えられる。土地へのフリーアクセスを建て前とする狩猟・採集を続ける勢力と、土地を囲い込もうとする勢力の間では、利害は当然対立する。土地を囲い込むことで成立する生業が農耕であるが、その萌芽《ほうが》はすでにこの時期に芽生えていた。

生業の原点――暮らしの作法

人類の三つの生業

人類はアフリカを出てユーラシアに入った何万年か前から、ほとんどの時間を狩猟と採集に費やすことによって暮らしてきた。本来的に雑食動物である人類は、植物性、動物性双方の食品を食べなければならない。社会により、また時代により、植物性食品と動物性食品のウェイトはさまざまに異なったが、どちらかだけを食べてきた社会はごく例外的である。基本的に人類は、動物質、植物質双方の食材を得る必要があったからだ。

狩猟にせよ採集にせよ、人が利用するのは天然の生物資源である。農耕や遊牧という生業がまだなかった時代、つまりあらゆる人びとが狩猟と採集によって暮らしていた時代、ヒトもまた生態系を構成し、食う食われるの食物連鎖に組み込まれた生態系の一員にすぎなかった。ヒトが他の動物に比べて有利であったのは、火を使うことができたことと、個人どうしが意思を通わせて力を合わせひとつの作業を遂行する社会的能力を身につけていたことだったと思われる。それでも、ヒトは現代のような絶対優位にはたっていなかった。

本章の冒頭に書いたように、人類が生きるために携わってきた生業、つまり衣食住に必要な資材を得るための生業は、大きくいって狩猟と採集、農耕、そして遊牧の三つに分けられる。人類ははじめ、狩猟と採集のみで暮らしをたてていた。やがて人類は、世界の何ヵ所かで農耕という新たな営みを始める。それがいつのことか、どこで始まったか、詳しいことまで完全にわかっているわけではない。世界の何ヵ所かで、そしておよそ今から一万年ほど前に、それぞれ独立に始まったもののようである。「ようである」と、あいまいな書き方をした理由は二つある。まず、社会が農耕社会に移行するのには相当に長い時間がかかっていて、農耕のはじまりを、「この時期である」となかなか特定できないからである。また、「独立に始まった」という部分も、農耕が、複数の場所で独立におきたのか、それとも一番古いそれが他の地域に広がっていったりその影響を与えたりしたのか、本当のところがなかなかみえにくい。ともかく、人類は地上の土地を徐々に農耕地に変え、糖質（デンプン）の生産を広げていった。

第三の生業である遊牧は、農耕から分かれてできたともいわれるが、じつはその中身は多様で、なかには狩猟社会の知や技術をもとにするものがあるのかもしれない。遊牧の特徴は、草食性の群れ家畜をその群れごと管理して、肉やミルク、毛皮などを得ることである。動物質の資源を利用するのだから、動物性タンパク質や脂質のポテンシャルは高かっただろうが、反面、植物質の資源は決定的に不足している。家畜の群れが住むところは乾燥が厳しく、作物はおろか、植物の生育そのものが困難な土地だからである。

社会という観点からみると、現代ではこの三つのうち、農耕社会が卓越し、他の二者の存在はもはや風前の灯《ともしび》である。いや、狩猟・採集社会はほとんど絶滅してしまった。ただしこのことは、もっぱら狩猟と採集で生計をたてる人びとが絶滅の危機に瀕《ひん》しているということであって、狩猟や採集という生業自体がなくなってしまっているわけではない。狩猟・採集という生業そのものは今なお健在である。

狩猟と採集の生業

雑食であるという原則に基づき、人類は、その発祥のときから動物資源と植物資源の両方を食べて生きてきた。そうでなければ生きてゆくことは難しかった。雑食であるということは、どちらを食べていてもよいということではない。どちらも食べなければならないのである。だから人間の社会は、できる限りその双方を手に入れるよう努力してきた。ヒトは生きるために、口に入るものは何でも食べるように運命づけられてきた。

採集は、主に植物質の資源（野生植物）の果実や種子などから糖質（エネルギー）を確保するための手段である。対象となる植物も、その部位もじつに多様である。採集時代の人類が利用した植物の種《しゅ》の数は、『世界有用植物事典』を編纂《へんさん》した堀田満《ほったみつる》によると、おそらく万をはるかに超えるだろうという。これは現代における数字なので、乱獲などによって絶滅してしまった種を入れると、これよりはるかに多くの植物が利用されていたのではないかとも考えられる。採集にはまた、ミツバチなどの昆虫や、貝類など動きの遅い動物などを含めて考えることもできる。またより広義には、採集の対象は衣や住のための素材となる植物素材やそれを加工して得られる繊維、薬物などにも及ぶ。利用された部位もまた、さまざまである。食材だけに限ってみても、クズのようにデンプンを蓄えた根の部分、ユリやサトイモなどの地下茎、イネ科植物やドングリ、クルミ、トチなどの種子など、それぞれの植物の生存戦略とも関係して多岐に及ぶ。

いっぽう、動物資源の種類は植物に比べればそれほど多くはなかった。ただし、とくに大型の動物の場合、その捕獲には飛び道具や、構成員たちの連携プレーを必要とした。後者は、ライオンやトラなどの肉食動物にもみられるが、狩猟のための道具、とくに弓矢などの飛び道具は人間だけが持ちえた仕掛けである。狩猟は、対象となる動物の身体が大きいほど危険な作業になった。失敗すれば、逆襲を受けて人間の側が大けがをしたりいのちを落とす危険が高かった。しかしそれでも人間社会は大型哺乳類を好んでハントした。リスクが大きいぶん、一頭仕留めれば当面十分な食料が手に入ったということもあっただろうが、リスクを賭《と》して仕留めたことによるステータスや名誉が、狩りに向かう男たちの心をくすぐったのかもしれない。シベリアのマンモスや北米のヘラジカ、バッファローなどが早い時期に絶滅してしまった理由は人間の乱獲にあるというが、人間の側のこうした事情が関係しているのではないかとも考えられる。

狩猟・採集社会では、狩猟と採集のどちらにより大きなウェイトがかけられたか。むろん、それはその社会があった土地やその環境によりさまざまである。だが、ごく大ざっぱにいって、高緯度地域の社会ほど、動物質の狩猟にかかるウェイトが大きくなるとJ・ハーランは ***Crops & Man*** で書いている。高緯度地帯や中緯度の乾燥地帯では植生が乏しく、それがために野生動物の狩猟に頼らざるをえなかったというわけである。これに対して、低緯度地帯では気候は湿潤で、植生が豊かなので、植物質の資源に頼ることができる。むろん植物質の資源が豊かであれば、それにつれて動物質の資源も豊かになる。低緯度地帯では、食料資源の選択の幅が大きかったということになるだろう。

狩猟・採集民の暮らし

狩猟と採集という異質な作業の双方を、個人のベースでこなすのは容易なことではない。どちらにもスキルが必要で、またスキルの獲得には長い時間を要した。当然、個人には得手不得手があるし、また性差もあって、集団のなかには分業が発達することになる。年齢によって、または男女の間で。人類は発祥してから数百万年間の大半の時間を、この狩猟と採集によって生きてきた。一万年ほど前に農耕や遊牧が徐々に拡大するまで、人びとはそうして暮らしてきた。だが、今では狩猟や採集のみで暮らしをたてる狩猟・採集民といわれる人びとの分布はごく限られている。

狩猟・採集民は絶滅危惧《きぐ》の状態にあるかにみえるが、狩猟・採集民の数がここ最近になって激減したわけではない。農耕民やそれから派生した現代の都市住民の数が急激に増えて狩猟・採集民の活動範囲を圧迫しているだけなのだ。現代という時代のなかでは、狩猟・採集民の生活も変わらざるをえない。彼らは、一万年前の狩猟・採集民とは異なり、農耕民とのかかわりのなかで生きていかざるをえない。彼らのなかにはケータイ電話を持ち、また狩猟用のイヌにはGPSを取りつけたりもして、一面ではごく現代的な暮らしをしているものもいるという。

ついこの間まで――近代に入るまで――人びとにとって、生きるとは日々の食料を自らの手で調達することであった。自分の食料は自分で生み出さなければならなかった。衣や住についても同じである。衣についていえば、縫製はもちろん、場合によっては糸を紡ぐことまで、自分や自分が属する集団の責任であった。生きることとは、自己の責任においてそうすることだったのだ。しかしだからこそ、人は協働し、家庭や社会を作って集団で自分たちを守ろうとした。生物種としてのヒトは、それほど早く走れるわけでもなく、また腕力が強いわけでもない。肉食動物に比べればヒトなどとことん弱者である。その弱者たるヒトが地球上に広まりながら今まで生きながらえることができた背景には、火や道具を発明したことのほか、そうした社会の構造が深く関係している。

農耕を始め、生産の一部をそれに頼ったことで、小さな集団で動物の群れを追ったり、あるいは植物性の資源を求めたりして徘徊《はいかい》する狩猟民や採集民のような暮らしはできなくなっていった。かといって資源のすべてを農耕だけに頼ることもできなかった。そうするには、農耕はあまりに危険な生業だった。おそらく、その試みはしばしば失敗し、狩猟と採集で生きる社会に逆戻りしたことだろう。そしてその暮らしは案外悪くはなかった。ハーランは、今も残る狩猟・採集民の生活ぶりを以下のように書いている。

「（アフリカのカラハリ砂漠でもオーストラリアでも）女性と子供たちは植物の採集や小動物の捕

獲に、そして男性は狩猟にという分業があった。ただし狩猟はどちらかというとレジャーのようなものだった。（中略）男も女も、二日働けば三日目は仕事を休んだし、働く日でも一日当たり三、四時間ほどしか働かなかった」

そしてさらに休息の時間はといえば、眠りこけるものもいたし、またさまざまな精神活動に時間を費やしたものもいただろうというのである。この時点で、わたしたちは狩猟・採集が遅れた生業で、農耕が進んだ生業であるというこれまでの「パラダイム」から脱却しなければならない。もちろん彼らの暮らしがバラ色だったというのではない。

農耕は、その成り立ちからいわば独占の生業であった。土地を占有し、水を占有する。土地を囲い込み、他の生業、つまり狩猟や採集の行為やその集団の人びとを排除する。生態学的にみても、農耕地が広がるいわば里の景観が登場するようになると、野生動植物の活動範囲はどうしても狭められる。野生動物は人間を嫌うことが多い。人間活動が作り上げた、たとえば「里」のようなシステムからは離れようとする。

これに対して、狩猟・採集の暮らしでは、じつに多様な資源が利用に供された。多様性の程度は、地域によってむろん違っただろうが、多くの狩猟・採集社会が多様な動植物の資源を利用していたことは確かである。これが、ヒトという哺乳類と他の哺乳動物の大きな違いのひとつであると思う。先のハーランは同書で、採集民が採集した植物の多様性について、「今まで人類が栽培化した植物全部の数より多い数の野生植物が採集されていた」としている。農耕の開始は、より少数の、つまりある特定の種だけを利用するシステムへの移行であったともいえる。

現代人の間にもある狩猟・採集志向

わたしたちの現代社会は、たしかに、農耕の生業が卓越する農耕社会である。それは紛《まぎ》れもない事実であるが、では、三つの生業の間に優劣はあるのだろうか。生産性を最優先する生き方に首までどっぷりと使った現代人のなかには、口に出してそうはいわないまでも、狩猟・採集や遊牧は遅れた生業であるかに思っている人が圧倒的に多い。たしかに、時間当たり、あるいは単位面積当たりのエネルギー生産量も人口支持力も、農耕が他を圧倒している。

だが、人類の全歴史を通じて、農耕だけ、または遊牧だけで食を完結した集団はまだどこにも現れていない。現存するどの集団も、程度の差こそあれ、狩猟や採集に依存して生きている。現代社会が営む最大の狩猟は漁撈である。また、天然資源をとるさまざまな活動もこれに類する。後者は、とくに先進国では、狩りや釣り、山菜採り、クリ拾いのようにだいぶレジャー化したきらいもあるが、それでも、それは生業の一部として機能している。現代日本のように食が土地から乖離《かいり》してしまった社会にあっても、人びとの多くはなお、魚といえば「天然もの」を好む傾向も依然として顕著である。

ただし、ある社会の自然資源への志向性は文化や宗教によって大きく異なる。日本や東南アジアの国ぐにでは、人びとはその動物性食材を自然資源によってきた。農耕が始まってからも、人びとは自然資源によらなければ命をつなぐのが困難であった。いっぽう、欧州などでは、二〇〇〇年このかた、デンプンの多くは作物に、そしてタンパク質の多くは家畜に依存してきた。欧州のキリスト教社会では、家畜とは神が人間のために作った動物であり、人はそれを食べるべきであると考えられてきたからである。タンパク資源の性格をめぐる東西におけるこの違いが、その後二〇〇〇年以上にわたる人びとの自然観の違いをなす基盤を作ってきたといってよいだろう。

ところで、わたしたちは漁獲をどう考えればよいだろうか。漁獲では、捕獲の対象は自然資源であり、また魚場も基本的にはオープンアクセス、または限られた構成員の間での共有地になっている。その意味では漁撈は狩猟に類するものといえる。しかし最近、一部の魚種については養殖が盛んになり、その意味では農耕の要素を持ちはじめているともいえる。というのも、種によっては孵《ふ》化《か》から次の世代の産卵までのプロセスの全体を管理できる完全養殖が可能になりつつあり、また、専用の生簀《いけす》を使って広大な面積の海面を占有して獲った魚を一時的に飼育する「畜養」のようなことも始まっているからである。

海の資源ということでいえば、コンブなど海藻の一部もまた、採集の対象から農耕の対象へと移りつつある。一九九〇年代のなかばころ、わたしは北海道のある町でコンブ漁のごく簡単な調査をしたことがある。それまで、コンブ漁といえば、波打ち際に打ち上げられたコンブを集めて干すという、文字どおりの「採集」行為であったが、九〇年代ころには、よい稚苗《ちびょう》を選抜して海底で栽培したり、コンブ以外の海草を取り除くなどのいわゆる管理が行われるようになった。後者は、陸上の農耕では除草にあたる。コンブの生産はもはや「漁」という採集行為ではなくなりつつある。コンブは昔から献上品にもなり、ものによってはきわめて高額で取引されてきた。最近ではその資源は枯渇気味であり、これらのことがコンブの栽培のモチベーションになっているらしい。栽培のモチベーションが高まるというこの事情は、じつは、一万年ほど前の人類が地上で農耕を始めたときのそれとよく似ている。農耕開始から一万年を経た今、人類は最後の未開地である海域での「農耕」に向かおうとしている。これについては、第五章に改めて書く。

第二章　農耕という生業

農耕とはなにか

現代の農耕

農耕は本来、土地につく生業であった。気候などの自然要素、植生や土のようす、そこに定着した文化や社会の構造、そしてそれらに規定された人びとの思想や宗教などの精神要素、これらは「風土」として一体的に捉《とら》えられる。何がどれだけ採れるかはこの風土に強く依存してきた。だから、食料の生産を全世界の平均値で論じることにあまり意味はない。採れるところでは採れても、採れないところでは採れない。さらに人間の社会には嗜好性や、タブーがあったりもする。しかし農の営みは、今では世界中で同じ作物を同じように作り、流通させている。生産の規模と流通の環《わ》はどんどん拡大してきた。食のグローバル化である。それはある意味風土の否定でもある。風土の否定は、精神要素のグローバル化をもたらす。グローバル化というといかにも聞こえがよいが、あるいは面と向かって異を唱えにくいところではあるが、実際のところ、食のグローバル化は地域という存在自体を死に追いやりつつある。

水は低きに流れる。空気も同じである。ところが、富や情報はそうではない。これらはほうっておけば高きに流れる。つまり富めるものはますます富み、知るものはますます知る。この流れの行き過ぎを是正し、過度の集中をただすのが政治の役割だが、古今東西、政治家は必ずしもそうはしてこなかった。富でもあり、また情報の側面をも持つ食材もまた同じである。だから、平均値でみれば十分なはずなのに、過剰なところにはどんどん集中してますます過剰になるのに、足りないところではますます足りなくなって飢餓がおきる。

グローバル化した食のシステムは、その維持のためにそれまでの時代にはなく大きなエネルギーを消費するようになってしまっている。日本を含む先進国では、単位面積当たりの生産性を上げるための化学肥料、害虫や病気の増加に対する農薬、生産資材や生産物の運搬、運搬に伴う冷凍などに要するエネルギーの消費が増大した。現代の農耕は、こうした膨大なエネルギー消費によって支えられている。ここにきて農耕は変質した。かつては、消費者自らが自らの時間を使い筋肉を使って営んできた生業は、いまや少数の生産者が石油エネルギーに依存して行う産業へとその姿を変えている。しかも今の日本では、とくに大都市部では、人びとは食材の生産はおろか、加工や調理さえもしなくなってきている。かつてのように、食べるために頭脳や筋肉を使うことがなくなってきているのである。「食の外部化」の極致といってよいだろう。

この傾向は、衣や住ではもっと顕著である。衣では、その素材は天然素材である綿、麻、絹などから化繊にとって代わられた。自分の衣料を自ら作った人など、今の時代にはおそらくはごく少ない。この一年、糸を紡いだ、色を染めた、布を織ったり編んだりした、あるいは衣類を縫ったなどはいうに及ばず、とれたボタンをつけたことさえないという人が圧倒的に多いだろう。住についても同じで、自分で住む家を建てたりする機会などまったくないといってよい。

この世界に生きるあらゆる人が「衣食住」の当事者であり、消費者である。それにもかかわらず、先進国や地域、とくに都市部では、消費する人びとは、その素材の生産のプロセスから完全に疎外されてしまっている。

農耕と定住

ところで、わたしたちは農耕という語を安直に使うが、農耕とはいったい何だろうか。南北八〇〇〇キロメートル、東西一万キロメートルの広がりを持つユーラシアに一万年にわたって展開した農耕はじつに多様な姿をしている。それでも、農耕という人間の営みには、ある共通の性質がある。農耕社会を満たす要件は四つある。

ひとつは、作物という、農耕の目的にあった性質を持った植物が存在することである。より広義にはこれに家畜を加えて考えることもできる。作物は「人間が作った植物」ともいわれるように、人間による不断の品種改良の結果できた植物である。それはある意味では文化財といってもよい存在である。家畜についても同じで、それは人間が作った動物である。作物や家畜は、人間の介在なしには、世代を越えて命をつなぐことはできない。

二番目の要件は、作物の栽培や家畜の飼育を支える技術や資材、インフラがあることである。作物がその能力をいかんなく発揮するには、たとえば畑という耕作のための土地があり、そこに必要な水を供給する灌漑《かんがい》の設備などのインフラや農具など道具類、肥料、農薬などの資材が必要である。

第三の要件は、社会が農耕を受け入れ、その技術や農耕にあった制度や教育のシステム、さらにそれにマッチした文化があって、かつそれらが世代を越えて伝わってゆくことである。

四つ目は、農耕の舞台である耕地周辺の生態系——里地が形作られていることである。農耕の場では耕地だけが必要なのではない。耕地に水を供給するための森であったり、肥料としての刈敷《かりしき》をとる共有地などが同時に必要である。

農耕の浸透は社会の構造を根本的に変えることとなった。一番大きかったのは、農耕が必然的に人びとを定住に向かわせたところであろう。農耕というシステムは、作物を栽培する土地に人を縛りつけるシステムだから、農耕の拡大、浸透は、社会を否《いや》が応《おう》でも定住社会に向かわせた。もっとも逆は必ずしも真ならずで、農耕を持たない社会が定住化しないかといえばそうではない。北米大陸の北西海岸（海の視点からすれば太平洋東北沿岸）に住む先住民のなかには、ほとんど農耕しないのにひとところに定住している人びとがいる。逆に、狭義の農耕から発生した遊牧という家畜の群れを放し飼いにするスタイルが生まれた。この遊牧社会は非常に広い意味では農耕社会ではあるが、それは定住社会ではない。

定住化が進むと、定住地たる集落周辺の生態系は継続的に攪乱《かくらん》を受けつづけることになる。モンスーンアジアのような深い森に覆われていた土地ではとくにそうだが、豊かな森を作っていた木々は伐《き》られ、建材に利用され、また燃料として使われた。寿命の長い木本《もくほん》類は適応しづらくなり、代わりに草本《そうほん》のような寿命の短い植物たちが増えてゆく。これが里地の出現である。また、これら寿命の短い植物のなかから、のちの穀類に育ってゆくものが登場した。

定住化は、また、家財道具など道具類を発達させた。調理や保存のための土器の発達はそのさきがけである。ほかにも、木材や非生物資源である石、金属、土などが使われるようになった。移動生活者はその遊動性《モビリティ》の維持のため、家財はとことん持たないようにするのがふつうである。定住化が進み、移動の社会が少なくなるにつれて、道具などはどんどん分化し、種類や量が増えていったことだろう。

容器の発達に伴って、食品としては保存食品などが発達をみたことだろう。家屋自体も大きく、堅固になり、やがては、「他者のために食料を生産する」農業者の登場をみて、その専門職も登場するようになる。

ところで、農耕という語と農業という語とはよく混同されて使われている。農業とはなにか、それは農耕とはいったいどう違うのか。本書では、これらは以下のように区別して使うことにする。農耕とは、先に書いたような、自らが生きるために主に植物性の食材を生産する営み、生業をいう。そして農業とは他人、それも不特定多数の他者のために、食料だけでなくその衣食住にかかわる資材を生産する産業をいう、と。詳細は五四頁をご覧いただきたい。

作物や家畜からみた農耕のおこり

ドメスティケーションと作物・家畜

農耕を支える物質的基盤のひとつが、作物や家畜など「人が作った動植物」の存在である。植物を栽培する行為も動物を飼う行為も、どちらも人間の行為である。しかしこれだけでは農耕は完成しない。栽培され、飼育されたその対象が、人間の好みに合うように姿を変え、いわば人間に寄り添ってくることが必要である。ただし、この人間の「好み」は、可食部分が大きくなるといった人間の生存に直接かかわるものから、好みの色をしている、神への供物に向くといった嗜好性や精神活動にかかわるものまでじつに多様である。

人の社会が作物や家畜を作るプロセスを、英語ではドメスティケーションという。日本語では、作物については栽培化、家畜については家畜化あるいは家禽《かきん》化という語をあててきたが、ドメスティケーションは両者を合わせたものである。ドメスティケーションをもたらした人間の行為のなかでも主要なものが「選抜」である。選抜という語は「選抜高校野球」のように、一般にもよく使われるが、同時にれっきとした専門用語でもある。かつては「淘汰《とうた》」の語が使われたが、この語は今はあまり使われない。悪いものを排除するという意味を持ってはいるものの、よいものを選び出すという意味を含まないからである。

選抜には、ある特定のものを意識して残すケースと、無意識のうちに選抜するケースとがある。意識して選抜するケースとは、たとえば種子の大きなものを何代にもわたって選びつづけることで種子がどんどん大きくなるといった例で理解できるが、無意識の選抜というのはわかりにくいので、ひとつの「物語」でその例を示そう。

人びとはそのころ、野生の穀類の穂や種子を採集していた。集めた穂を持ち帰るうち、種子のこぼれやすいものはどんどん落ちてしまって、集落につくころにはこぼれにくいものだけが手元に残るようになる。やがてその穀類の集団が道路脇《わき》に生えるようになるが、集落から遠いところでは種子の落ちやすいものが、そして集落に近いところほど種子の落ちにくいものが増えてゆく。人びとがそのように意識したのではないが、穂を運ぶという行為によって、種子の落ちにくいものが自然と集落のそばに集まったのである。

選抜は、動物に対しても植物に対しても行われてきた。よい性質を持つ子は残し、他は間引いたり生殖年齢に達する前に食べてしまうなどしてきた。こうした選抜が世代を越えて繰り返し行われた結果、集団全体の遺伝的な性質が少しずつ変わってゆく。選抜は、品種改良（育種という）の基本操作のひとつである。育種がいつから始まったかが話題になることがあるが、育種はドメスティケーションのごく最初の段階からその牽引者でありつづけてきた。その意味で育種のはじまりは栽培のはじまりにまでさかのぼる。

こうした人間の意図は、当然対象となった動植物にも伝わる。むろんそのなかには、枝を剪《せん》定《てい》されて背が低くなったとか、動物ならば柔らかな食物が増えてあごの発達が悪くなったなど、世代を越えては伝わらないものもある。こうした変化は何世代続いたところで遺伝的な性質を変えたりはしない。いっぽう、ドメスティケーションとは、遺伝的な変化をいい、いったん生じればもはや元には戻らない変化である。ドメスティケーションとは、人とそれをとりまく動植物との間に展開するある種のかけひきの進化である。

もっとも、ドメスティケートされた種のなかには、人間の強いかかわりがなければ生きてゆけないようなものから、反対にその程度がそれほど強くはなく、ある程度の「自立」が可能なものまでさまざまである。前者の典型的な例はペット動物や変わりアサガオなどである。

野生種から栽培種へ

栽培種とその祖先である野生種とはどこがどう違うのだろうか。とくにその遺伝的な性質、つまり、もって生まれた性質を比べると、何がいえるだろうか。ここでは、穀類を中心に論を進めてみる。

植物の場合、多くの祖先型野生種にはイネであってもムギの仲間であっても、種類を越えて共通の性質がかなりたくさんある。どの作物の祖先型野生種でも、実った種子は母体から簡単に離れるようになっている。この性質を「脱落性」とか「脱粒性」という。日本人にもなじみのあるのが、ススキの穂であろう。秋口のススキの穂は、小さな種子をいっぱいにつけ、逆光に照らされると、その多数の種子の表面に生えた細かな毛がきらきら光ってみえる。しかしその後、熟した種子が風に飛ばされ、穂の軸の部分だけが残される。穂軸には種子にあったような細かな毛がほとんどなく、光に照らされてもあの輝きはない。その風采《ふうさい》の上がらないようすを歌ったのが「俺は川原の枯れすすき」で始まる『船頭小唄』である。

このように野生種の種子がすみやかに落ちるのは、成熟した種子がいつまでも母体についたままだと、鳥や小動物による攻撃を受けやすいからといわれている。まとめて食われてしまうからだ。さらに分布の範囲を広げるにも不都合である。野生植物の場合には、できた種子はすみやかに母体を離れるのが都合がよい。いっぽう栽培型では、種子は成熟後も母体にしっかりとついたままである。そのほうが収穫の作業には都合がよいからである。むろん、落ちやすさは品種によっていろいろである。

野生種が共通に持つ性質の二番目のものが、「休眠性」と呼ばれるものである。休眠性とは、成熟した種子が適度の水や温度を与えられても発芽しない性質をいう。野生種の場合、成熟してできたばかりの種子は、仮に適度の水や温度が与えられても発芽しないことが多い。それはたとえば冬作物の場合には、春に成熟した種子が地面に落ちたところで発芽してしまうと、夏に生育しなければならなくなってしまうからである。夏は野生ムギの生育地では暑さに加え、厳しく乾燥するので、麦の生育には適さないのである。休眠性がごく強い植物の場合、あるシーズンにできた種子は、次のシーズンが来ても発芽せず、さらにその次のシーズンまで地中でじっととどまっていることもしばしばある。ただし、何年間地中にとどまることになるかは偶然の要素によるところも相当に大きいようだ。いっぽう、栽培植物の場合には、収穫した種子は次の世代の種子として播《ま》かれるので、いっせいに発芽することが望ましい。栽培型の場合には休眠性を失っているのである。

野生種と栽培種の間では、これら二つの性質のほかにも種子の色が違ったりもする。イネを例に書くと、もみ殻の表面の色が、野生種ではメラニン色素によって黒っぽいのに対して、栽培種では、多くが黄色（籾色《もみ》）ないし明るい黄土色をしたものが多い。

また、種子に有毒成分が含まれているかどうかも大きな違いである。野生種の場合には、種子のなかに人間にとって有毒な成分を含むものがあるけれども、栽培型のものでは、毒の成分は失われる。有毒な成分がないものが選抜されて栽培種になるわけだから、それは当然といえば当然である。

家畜の誕生――動物におけるドメスティケーション

動物園などでは、生まれたばかりの野生動物の仔《こ》を人間が哺育《ほいく》せざるをえないことがある。難しいのは哺育そのものよりも、その仔がある程度成長したとき元の集団にどのように返すか、その返し方にあるという。おそらく野生状態では状況はもっと厳しく、いったん元の集団から引き離された仔は元の集団には戻れない。それこそが「野性」のなせるわざである。だが、その仔がどのように育てられようともそのDNAに変化はない。仮にその仔が動物園で成長して新たに仔をもうけたとしても、その仔のDNAは元の野生動物としてのそれそのままである。

家畜の場合にはどうだろうか。家畜の場合も作物の場合同様、祖先型野生種と家畜の間にはDNAの違いがないわけではない。ただし植物の場合に比べればそれほど大きな遺伝的な違いはない。形態上の区別も必ずしも明確ではなく、見かけ上はどちらとも区別のつかないことが多い。野生種と家畜の間ではしばしば遺伝子の交換があり、両者の判別をいっそう困難にしている。家畜の起源という点でいえば、遺跡などから出土した骨の分析がしばしば行われてきたが、出土した骨による両者の判別は一般にきわめて困難である。

家畜の場合、まず、群れ家畜と家家畜《いえかちく》とで事情は大きく異なる。群れ家畜とは、場合によっては数百もの個体からなる群れをなす家畜である。ヒツジやヤギ、ウシなどがこれにあたる。

群れ家畜は群れのまま家畜化されたと考えられている。野生の群れから仔だけを何らかの方法で離してそれを飼い慣らしたのではないかといわれることがあるが、おそらくそうではない。先に述べたように、群れから離された仔の飼育は困難であるうえ、その仔が大きくなるまでの飼育には当然それだけのエネルギーを要するからである。

群れ家畜の家畜化を特徴づけるのは、たとえばメスの個体の乳量や出産する仔の数の増加、あるいは皮膚の色や模様の多様化などの性質であろう。こうした変化は、人が望ましい性質を持つ個体を選抜することでおきてきた。選抜は、メスの個体（母親）に対しても行われた。多産のメス個体を意図的に選抜することも可能だっただろう。同時にオスの個体（父親）に対しては、第四章に書く去勢という方法によってもたらされた。特定のオスだけを生殖に関与させる技術で、飼い主はオスに選抜を加えることで、生まれる仔の、したがって将来の集団全体の性質に間接的な選抜を加えたと考えられる。しかしこれらの変化は考古学的にはどれも検出が困難である。動物考古学者たちは、家畜化に伴って身体のサイズが小さくなったことや頭骨の形状の変化など主に骨の変化をいうが、それらが真に遺伝的な変化を伴って生じたか否かはなかなか証明が困難である。

いっぽう、ブタや家禽などそれほど大きな群れをなさない家家畜の場合には、野生の集団から、何らかの方法で仔だけを離し、それを手なずけていったのではないかと考えられている。インドシナは家禽化のひとつのセンターである。ニワトリは東南アジアの山地部で野生種である赤色野鶏からドメスティケートされたと考えられているが、タイ北部などでは今でも人びとはわなを仕掛けるなどして野禽《やきん》を生け捕りにしてそれを手なずけているという。ここでは家畜化は今も進行中である。

類似の例はまだある。わたしは、ベトナム中部の町フエ近くのとある村で、ホロホロチョウの家禽化にかかわるある技に接したことがある。農家の主人がいうには、野生のホロホロチョウは手なずけるのが難しく、ヒナを捕獲して育ててもすぐに逃げてしまうという。そこで彼はホロホロチョウの卵を獲ってきて、それをニワトリに抱かせる方法を採用している。これならば孵化したときからの飼育が可能であり、順化がより確実に行える。だがこのようなケースでも、そのようにして育てられたヒナの仔を毎代にわたって育てつづけることで、ホロホロチョウを手なずけるのだ。

以上のように考えてみると、動物における家畜化や家禽化は、植物における栽培化に比べてまだその途上にあることがわかる。

集団の遺伝的多様性は減少した

栽培化や家畜化の進行は、集団内の遺伝的多様性を大きく減退させた。このことをイネを例にみておこう。舞台は、ラオスの首都ビエンチャンから北に二〇キロメートルほど行ったところにあるトンムアン村にある小さな池である。村は、国道沿いにある。池は、国道から少し奥

図2―1　ラオス・トンムアン村での野生イネの調査

に入ったところにある小さな森のなかにあって周囲五〇〇メートルほどの楕円形《だえんけい》をしており、雨季には水がたまるが、乾季にはほぼ干上がりスイギュウが草を食《は》んだりしている。ここは、村の共有地なのである。

雨季には水がたまると書いたが、水深は深いところでも二メートルあまりとごく浅いので、そのほぼ全面に野生イネが生える。だからこの時期の池は、遠目には、池というより野生イネの群落であるかにみえる。この池の野生イネはいったいどのようにしてここに来たのだろうか。誰がここに野生イネを運んできたのだろうか。彼らは、どのようにして繁殖しているのだろうか。こうした疑問に答えるため、わたしたちはこの池の中心に達する「桟橋」をかけた。水のたまる雨季にも生えているイネの消長を調査しようというのである。この桟橋を使い、池のあちらこちらからイネの葉をとってきてそのDNAを調べてみた。

実際にトンムアン村に向かい、ここで調査したのは、わたしの静岡大学時代の学生であった黒田洋輔《くろだようすけ》と武藤千秋《むとうちあき》である。ほかにも、農林水産省の福田善通《ふくたよしみち》、弘前《ひろさき》大学の石川隆二《いしかわりゅうじ》、千葉大学の中村郁郎《なかむらいくお》らの助力も得た。彼らの調査の結果、この池の野生イネの集団が、栽培イネでは考えられないほど多種の遺伝子を持っていることが明らかになった。

その一例をここに紹介しておこう。彼らが調べた遺伝子のひとつに、「第一染色体」と名づけられた染色体の上にあるＲＭ１と呼ばれる領域にある遺伝子がある。染色体とはＤＮＡの長い鎖が幾重にも折りたたまれた細胞内の構造物で、顕微鏡で観察するとき、ある種の染料に染まってそのかたちがみえるようになることからこの名がある。染色体が発見された当時には、これがＤＮＡそのものであることはまだ知られていなかった。なおイネの細胞には一二対の染色体があり、長いほうから順に第一、第二……、と番号がつけられている。

ＲＭ１領域のＤＮＡの塩基の配列はＤＮＡの配列上たいへん目立つ領域である。四種ある塩基のうち、シトシン（Ｃ）とチミン（Ｔ）が交互にいくつも並んでいるからである。興味深いのは、このＣＴの並びの回数が、品種や、野生イネの場合には株によって違っていることである。トンムアン村の集団の野生イネを調べてみると、この繰り返しの数は全部で二三種類あることがわかった。周囲わずか五〇〇メートルほどの池のなかにあるイネにも、これだけの種類の遺伝子があったのだ。

では、栽培種である各地の品種の場合はどうか。別なデータによると、中国全土の多数の品種の場合には、RM1のタイプの数は八種類である。また日本列島で今栽培されている品種では、その数はわずか三である。栽培種の場合は、国を挙げての品種改良が進められていて、限られた品種が繰り返し交配に使われてきたので、その過程で大半のものはなくなってしまったのだろう。このように考えるとこの結果はむしろ自然である。しかし、中国の品種の場合、調査の対象は国家的な品種改良が展開する前から各地域にあったものたちである。また同様の傾向はRM1以外の領域でも認められている。そう考えれば、RM1遺伝子の種類の減少は、栽培化に伴っておきたと考えるのが自然であろう。

類似の現象はコムギの場合にもみられる。神戸大学の森直樹《もりなおき》は、四倍体コムギであるエンマーコムギと、その祖先型野生種である野生のエンマーコムギ、さらにはもっと原始的なタイプと思われる二倍体の野生コムギを西アジア各地から集め、その葉緑体DNAのタイプを調べている。これによると、野生のコムギには五〇種類を超えるタイプがみられたが、栽培型にはこのうちのただひとつのタイプしかみつかっていない。つまり五〇を超える多様な野生コムギのなかから、人間が選び出したのはたったひとつだったのである。むろん当時の人びとが葉緑体DNAのタイプを識別していたなどということはないだろう。この結果は、栽培化のプロセスで非常に強い選抜が加わったことを示している。

おそらくは、イネでもコムギでも、栽培化のごく初期の過程で、特定の個体あるいはごく少数の個体だけが選抜された。むろん野生種と原始的な栽培型との間には遺伝子の交換もおきたことだろう。また似たような選抜のプロセスがいくつもの場所で、相前後しておきた可能性もある。詳しいことは以下でまた述べるが、結果として考えれば、栽培型の誕生の過程で遺伝的多様性を失いながら、栽培化が進行してきたことは確かである。

作物・家畜の起源地

さてそれでは幾多の作物や家畜は地球上のどこで生まれたのだろうか。この問いは、じつは、農耕や牧畜がどこで始まったのかという問いとも深く関係している。現時点でわかっていることを、図2―2に載せておこう。地図にあるように、いろいろな作物や家畜は世界のいたるところで起源した。しかしそれらの起源地がまったくばらばらに散らばっているのかというとそうでもない。次に述べるヴァヴィロフが指摘するように、作物と家畜の起源地は、いくつかの地域に集中する傾向がみられる。

スイスの植物学者であったド・カンドルは、一八八三年、『栽培植物の起源』という本を著し、多くの栽培植物の起源地を論じている。個別の作物についての記述のなかには正しくないものもあるが、彼の観察眼は鋭く、その方法についての示唆は今なお正当性を失っていないといえるだろう。

ド・カンドルに続いてこの面での研究を強力に進めたのが、ロシアの遺伝学者、N・I・ヴ

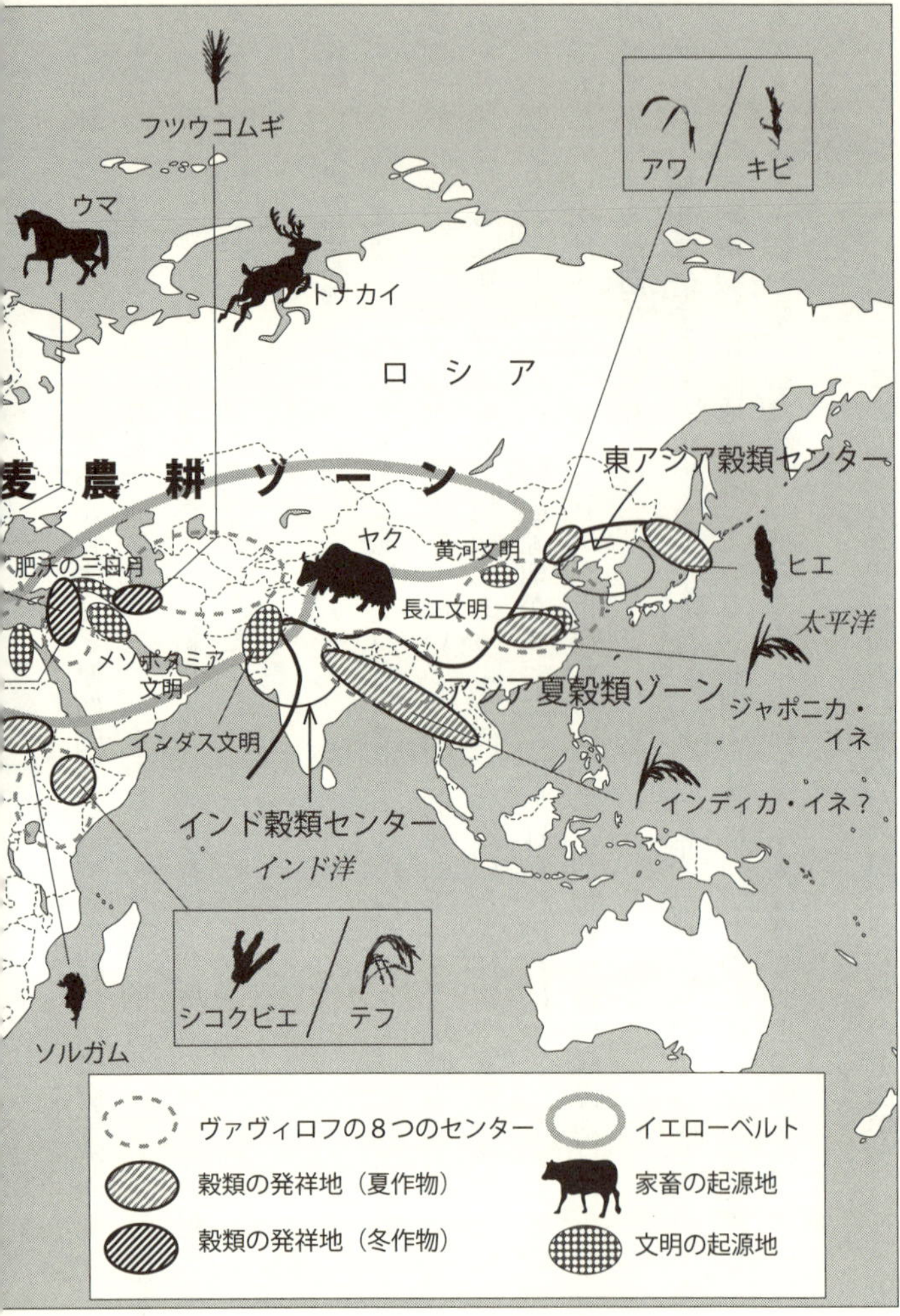

フツウコムギ
アワ
キビ
ウマ
トナカイ
ロシア
麦農耕ゾーン
東アジア穀類センター
ヤク
黄河文明
肥沃の三日月
ヒエ
長江文明
太平洋
メソポタミア文明
アジア夏穀類ゾーン
ジャポニカ・イネ
インダス文明
インディカ・イネ？
インド穀類センター
インド洋
シコクビエ
テフ
ソルガム
ヴァヴィロフの８つのセンター
イエローベルト
穀類の発祥地（夏作物）
家畜の起源地
穀類の発祥地（冬作物）
文明の起源地

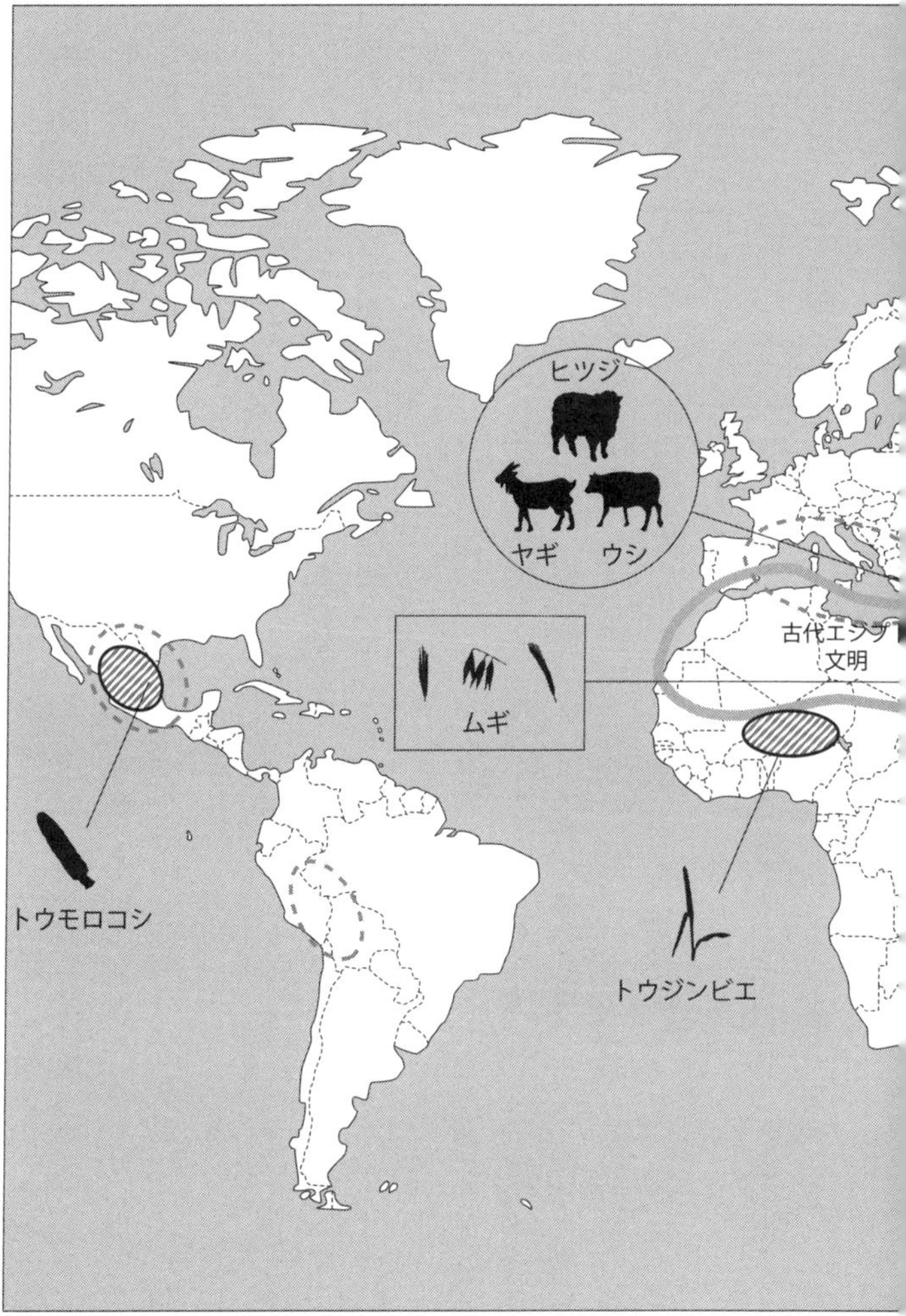

図2―2　農耕と遊牧のおこりからみたユーラシア

ァヴィロフである。ヴァヴィロフは徹底的なフィールドワーカーとして知られ、栽培植物の起源地を探し歩いた。彼はそれまでの研究を取りまとめて『栽培植物発祥地の研究』という本を出版した。そこで彼は栽培植物の「発祥中心」という概念を打ち立てた。それは、作物がどこで生まれたかということである。そして世界には八つの発祥中心があると主張した。一九二九年のことであった。

その後の研究でも、ヴァヴィロフの考え方に大きな誤りがないことがわかっている。栽培植物の数は何百、何千とあるのに、その起源地がたった八ヵ所に固まるということは、これら八ヵ所ではそれぞれ複数の栽培植物が生まれたことを意味する。それは、自然現象というよりは文化現象というべきである。

ヴァヴィロフはいろいろな栽培植物のたくさんの品種を集めて、それらの遺伝学的な調査を行った。そしてそれぞれの栽培植物に関して、地球上のどの地域にもっとも大きな多様性が認められるかを詳細に調べたのである。彼の仮説は、どの栽培植物の場合でも、栽培の歴史が長い地域ほど、多様な品種が保存されているというものである。つまり、ある栽培植物の起源地を調べようとすれば、その種に属するたくさんの品種を集め、どの地域でその多様性が一番高いかを調べればよいということになる。

一九七〇年代には、ヴァヴィロフの原理を応用してさまざまな栽培植物の起源の研究が盛んに行われた。この原理を適応して、イネの起源地を明らかにしようとした研究も盛んに行われてきた。農林水産省の研究機関にいた中川原捷洋《なかがわらまさひろ》らの研究グループは、アイソザイムという、植物が持つある種の酵素の遺伝子の多様性を調べてみた。それによると、多様性は、インドシナ山地の奥地あたりを中心とする地域で一番高かった。これらの研究が、当時注目を集めていた照葉樹林文化論と補完的に作用しあい、「アッサム―雲南《うんなん》起源説」を確固たる学説として確立させたことは周知のとおりである。

だが、これら遺伝学の方法だけに依拠する研究結果が正しいかは慎重にみなければならない。その理由は、多様な品種、多様な遺伝子の蓄積が、時間だけの関数ではないからである。栽培の歴史が長い栽培植物でも、気候変動がしょっちゅうおきていたとか、人間社会のしくみや人びとの嗜好が変わるなどしたために、変異が少しも蓄積されてこなかったケースもある。反対に、栽培の歴史は短くとも、縁の遠い品種が新たに持ち込まれ旧来の品種と交配して、その地の変異がぐんと拡大したこともあるだろう。ヴァヴィロフの仮説は、栽培植物が誕生してからの何千年もの間、環境に大きな変化がなく、また他の地域からの品種の持ち込みなど人間による大きな攪乱がない、という条件のもとではじめて成り立つというべきだろう。しかしそうした条件が満たされるようなことは、現実にはそう頻繁にあるわけではない。ヴァヴィロフの仮説は、ガリレオの自由落下の法則が真空条件でしか通じないのと同様、あくまで理想形の話ということになる。

農耕の四つの発展段階

農耕と農業はどう違うか

農耕の起源の時期や場所をいうのは非常に難しい。その理由のひとつは、その長く複雑な発展のプロセスにある。わたしは、農耕の発達段階を次の四つに分けて考えようと思う。

第一段階は「原始農耕段階」とも呼ぶべき段階で、それぞれの土地で、そこにあった野生植物のいくつかに対して、人間社会が選抜や干渉を加えていた段階と定義しよう。それらの野生植物は、むろん、それぞれの土地で採集の対象として長く人のいのちを支えてきた歴史を持っていた。いまや世界最大級の生産量を誇るイネにしてもコムギにしても、この段階を経ることなく今の地位を得ることはできなかった。ヒエやアワなどの雑穀類もそうであった。

最初のきっかけは、ある特定の動物の仔を捕まえて餌《えさ》を与えたり、特定の植物の生えた場所を囲い込むなどした個人、あるいは人びとが登場したことだろう。これが、飼育あるいは栽培のはじまりにつながったものと考えられる。この結果として動植物への理解が深まり、知が蓄積されてきた。さらに野生動物のあるものが家畜となり、また野生植物のあるものが作物となった。だから、この時期の人びとは、狩りをしたり採集をしつつ、いわば片手間に農耕に手を染めていたことになる。農耕は、本質的に狩猟・採集の生業から派生してできたのである。

農耕を支えた実体が作物と家畜である。作物は人が作った植物であり、家畜は人が作った動物である。今まで、農耕といったとき、多くの人が作物のことだけを考えてきた。だが実際にはそのようなことはない。農耕が育んだ家畜は多い。ジャレド・ダイアモンドが挙げる一四の家畜（表2—1）のうち、少なくともブタは農耕社会の産物である（『銃・病原菌・鉄』）。ほかにも、アヒル、コイ、ニワトリなども、広義には家畜に含めて考えることができる。さらにミツバチも、もっとも広い意味で農耕社会が作った家畜といえるだろう。

表2—1　主要な家畜

5大家畜	
ウシ	西アジア
ウマ	中央アジア
ヤギ	西アジア
ブタ	西アジア，東アジア
ヒツジ	西アジア

マイナーな家畜9種	
ヒトコブラクダ	アラビア
フタコブラクダ	中央アジア
リャマ，アルパカ	アンデス
ロバ	北アフリカ～西アジア
トナカイ	北ユーラシア
スイギュウ	東南アジア
ヤク	ヒマラヤ，チベット
バリウシ	東南アジア
ガヤル	インド，ビルマ

（ダイアモンド，2000）

野生の動植物から作物や家畜への変化の過程をドメスティケーションということは第一章にも書いたが、この段階では、野生と作物（家畜）の間の遺伝的な違いもそう大きくはなく、多くの家畜や作物はまだ野生に戻ることができた。いわゆる「半栽培」「半家畜」の段階である。農耕社会の構造もおそらくはそうで、農耕に対するインセンティヴも、そのウェイトも環境の変化によって高まったり低くなったりということを繰り返したのであろう。

この時期の農耕のもうひとつの特徴は、生産者と消費者の区別がなかったことである。おそらく、——小さな集団内の分業を別として——すべての人が自分の食料の生産に何らかのかたちで従事していた。言葉を換えれば、他者の食を生産する専門家集団、つまり農業という職種やそれに従事する人びとはまだいなかった。農業という生業が誕生する前のステージと言い換えてもよいだろう。

この段階の農耕には、それだけで人びとのいのちを支える力はなかった。わたしは、縄文時代の日本列島にも農耕があったと考える立場をとるが、この縄文農耕も、またこれに続く弥生《やよい》時代前半の農耕も、このステージの農耕であったものと考える。

先出のタッジは土地の占有、あるいはそのはじまりをもって農耕のはじまりと考えたが、この段階の農耕に特別の名前を与えてはいない。また、原始的な段階を農耕とはいわず「園耕」という言い方をする研究者も出はじめているが、ただし、『世界大百科事典』では園耕の語を集約度の高い農耕と定義している。そして原始的で限定的な「農耕」には、「穀耕」という名称を与えている。このように原始的農耕のイメージは研究者によりいまだまちまちである。

農耕が文明を生み育てた——農耕の第二ステージ

やがて人間社会のなかには、自らの食を自分自身では生産しない人びとが現れるようになる。

食料以外の生活資材、道具などを作ったり、宗教活動などもっぱら精神活動につく人びとである。彼らの食は、他の誰かが生産しなければならなかった。ここに、他者の食を生産する生業——農業が成立する余地が登場した。

人口が集中する都市が登場し、文明が始まると、食料生産を他者に依存する人びとがぐんと増えた。都市で仕事をする人びとには、自分の食すべてを自らの手で生産する術がなかったし、彼らはそれに代わる仕事に従事していたからである。これが農業のはじまりである。他者のための食材は、都市以外の場所で生産され、その他者が住む都市へ運ばれなければならない。植物性の食材のなかでは、その運搬性と保存性のよさから、イネ科植物やマメ科植物の種子がその地位を高めるようになった。これが穀類のはじまりである。第二ステージは、穀類農耕が始まったステージともいうことができよう。穀類の種子はデンプンに富み、しかも保存が効いて運びやすいので、大人口を支えるのに都合がよい。さらにその多くは一年生植物なので進化が早く、そのために品種改良の効率もよかった。

そして国家ができると、行政組織や軍隊をはじめとする権力構造の維持にも大きなエネルギーが必要になった。国家や都市の発達は、食の生産に携わらない人口をますます増加させ、それがさらに農業を発達させた。しかしおそらく、この時代の都市の規模には食料ゆえの制約があった。人口の増加は食料の需要を増大させたが、これが食料の供給地を拡大させた。しかし食料供給地の拡大は都市と農村の距離を大きくし、輸送上、保存上の問題を生じさせた。食料は文字どおり生ものであり輸送時間を大きくできない。とくに動物性の食料についてはそうである。そのため農業の中核は輸送保存に便利な穀類の農業へと移ってゆく。国家や都市の基盤を支えたのは、なんといっても穀類であった。

輸送時間や距離を縮めるために、農業の生産性の向上が図られた。国家は農業をより集約化させるさまざまな方策を編み出した。灌漑農業が始まったのもこの時期である。

さらに文明の求心力は、交易規模の拡大によって、他の地域で生まれた穀類を招き入れ、自らの文化になじませるようになった。それらは、その時代の国家の庇護《ひご》を受け、在来の穀類と競合しながら生産性を高め、やがて新たな農耕文化や食文化を作り上げた。紀元前三〇〇〇年紀から四〇〇〇年紀ころには、すでに、アフリカ生まれの雑穀がインドに達していた。また、朝鮮半島を中心とする東アジアにも、キビやアワなどのアジア雑穀やイネ、さらに西から渡来したコムギなどによる「東アジア穀類文化」とでもいうべき農耕文化が生まれていた。食料生産者が何を生産するかは、じつは生産者の決めごとであるとは限らなかった。というのも、黄《こう》河《が》、インダス、メソポタミア、エジプトなどいくつかの古代文明を支えた穀類はいずれも外来の穀類だったからである。

黄河文明を例にとれば、文明初期にはアワやキビが、そして後期にはフツウコムギ（パンコムギ）が人びとのエネルギーを支えたが、前者は中国東北部の生まれ、そしてフツウコムギははるか西アジアの生まれである。黄河文明がコムギを受け入れたそのごく初期には、農民たちは皇帝の命によって、なかば半強制的にコムギを栽培していた。なぜそうであったかは第五章で述べる。しかもコムギは消費者にとっても決して好ましい食材ではなかった。

インダス文明の場合もおおむね同じで、文明を支えた穀類は他地域で発祥したものである。ここにはコウリャン（ソルガム）やトウジンビエのようにアフリカ生まれのものさえある。いっぽう、ユーラシアの古代文明のなかでは、長江《ちょうこう》文明だけがその土地に生まれた穀類であるイネに育てられた文明である。そしてその穀類こそが米であった。また、新大陸に発祥したいくつかの文明はジャガイモやトウモロコシに支えられた文明である。

こうしてみると、文明と穀類の間には、穀類が文明を支えたという事実のほかに、文明が穀類を育てたという側面があるともいえるだろう。

穀類農耕とはなにか――文明に育てられた農耕

穀類のおこりがいわゆる古代文明と深く関係していることは先に書いたが、では、穀類にはどのようなものがあるのか。ここでは国際連合食糧農業機関（FAO）の統計にも出てくる表2―2の一五種としておこう。「しておく」と書いたのは、FAOの統計にないものがあるからで、その意味でこの表はあくまで暫定的なものである。この一五種を夏穀類《なつこくるい》と冬穀類に分け、生産高ごとに整理したのが図2―3である。言うまでもなく、世界にはこれ以外にもマイナーな穀類がいくつもある。

表2―2　主要な穀類

区分	原産	穀類	
夏穀類	中南米原産	トウモロコシ	
	アジア原産	イネ	
		キビ	雑穀
		アワ	雑穀
		ヒエ	雑穀
	アフリカ原産	ソルガム（コウリャン）	雑穀
		トウジンビエ	雑穀
		シコクビエ	雑穀
		フォニオ	雑穀
		テフ	雑穀
冬穀類（西アジア原産）		コムギ	麦
		エンマーコムギ	麦
		オオムギ	麦
		ライムギ	麦
		エンバク	麦

図で、上のほうにくる三つの穀類、トウモロコシ、イネ、コムギが、次項に書く「世界三大穀類」である。これらの生産量は他を圧倒している。冬作物に属する穀類は、麦という概念でくくることができる。じつは「麦」の語は中国、日本など漢字文化圏にほぼ固有の概念であり、ムギの本場である西アジアから欧州の諸言語にはこれに相当する語はない。英語では、コムギは wheat、オオムギは barley、ライムギは rye、エンバクは oat と書き、それぞれまったく別の穀類として認識されている。「ムギ」にあたる音節はない。しかし原則として冬に栽培される穀類、という共通項は、漢字文化以外の文化を持つ人びとにも十分理解可能である。わたしはよく欧米の研究者に「mugi」という語や概念を説明するが、多くの研究者がこの語をすぐに理解して使うようになる。

夏穀類に属する穀類は、多くがいわゆる「雑穀」である。しかし、イネとトウモロコシとはふつう雑穀の範疇《はんちゅう》には入らないので、夏作物の穀類を総称する名称はない。それでは不便な

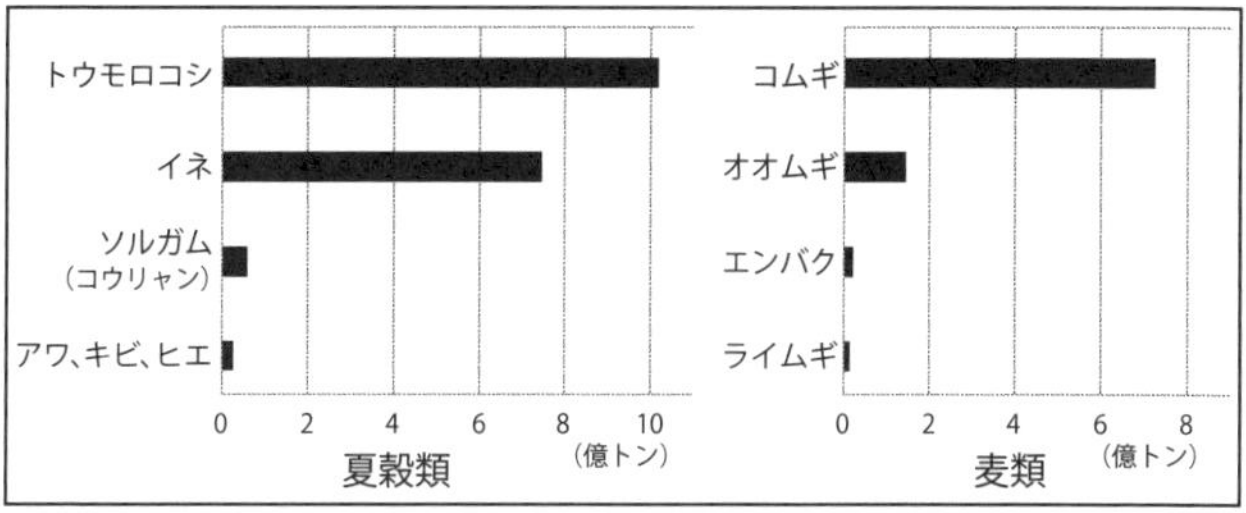

図2—3　主要な夏穀類と麦類（冬穀類）の生産高（FAOによる）

ので、ここではこれを夏穀類と呼ぶことにしようと思う。あるいはこれを「広義の雑穀」と呼んでもよいが、イネやトウモロコシを雑穀に含めることには多くの人が抵抗を感じるかもしれない。雑穀という語にはどうしてもマイナーな穀類の意味が込められてしまうからである。

　麦が西アジアのごく狭い範囲で生まれたのに対して、夏穀類はそのあるものはアフリカの生まれ、また別のあるものはアジアの生まれ、そしてトウモロコシは中米生まれと、その生誕地が世界にまたがる。イネ科のなかでの位置についても、麦はすべてがイチゴツナギ亜科に属するのに、広義の雑穀は、タケ亜科からキビ亜科と多岐にわたって分布する。このように、夏穀類は、地理上の起源からみても、また分類上の位置からみても、「麦」に比べてはるかに多様である。

　三大穀類を除いた麦や雑穀の多くは、限られた地域でしか栽培されないが、なかには世界規模で栽培されているものもある。先に書いたコウリャン（ソルガム）もそのひとつで、その茎葉の部分が飼料に使われるほか、中国などでは蒸留酒のひとつである白《パイ》酒《チュウ》の原料としても欠かせない。広くアルコールの原料として使われる穀類はほかにもある。麦のうちオオムギもこれにあたり、なかでも「二条」と呼ばれる一連の品種の生産物の多くがビールに使われる。その生産はほぼ全世界に及ぶが、その伝統的な産地は欧州や北アフリカである。

穀類農耕は農耕のごく初期にはそれほど重要な地位にはなかった。エネルギー源として考えるなら、デンプンの処理は面倒な作業である。皮をむいたり粉にしたり、あるいはあく抜きをしなければならないものも多い。また、調理しなければうまく消化吸収できない。その点、果実や漿果《しょうか》などはすぐに食べられる。甘く、食べればすぐに血糖値を上げることができる。乳幼児などにも受け入れやすかったことだろう。

穀類の大きな特徴のひとつが、ヒトがその種子を食べる点である。種子には、遺伝的な改良を加えやすい。というのは、生産性がよい、うまいなどよい性質を持つものがあれば、その株や穂につく種子の一部を残すことでその性質を次の世代に残すことができるからである。もちろんその効果は条件によりまちまちだが、操作自体は簡単である。種子はまた、保存性がよいので、一、二年の保存にも耐えるし、また遠くの土地にも簡単に運ぶことができる。いっぽう葉や根を食べる作物では、よい性質を持つ個体の枝や茎などをクローンとして残すことになる。イモの仲間では種イモを作るとか、種子繁殖する植物の場合には、よい性質を持つものの兄弟の系統の種子を残すといったことなどだが、かなり専門的な知識が要る。さらに、クローンは穀類の種子に比べて一度にそれほどたくさんに増やせないし、また運ぶのも容易でない。

穀類の分布からみたユーラシア

今栽培されている穀類の分布から、ユーラシアをみなおしてみよう。地球上には一五種ばかりの穀類があるが、そのなかで、トウモロコシ、イネ（米）、コムギの三者が、栽培面積、生産量の面から他を圧倒している。まずこの三種について考えてみる。

三種のうち、トウモロコシとイネは、春に種子を播いて秋に収穫する夏穀類に属する。イネとコムギには例外があり、一部の地方では、秋に播いて春に収穫する品種（イネの場合）、春に播いて秋に収穫する品種（コムギの場合）が栽培されているが、それらはあくまで例外とみてよい。また、トウモロコシとコムギはやや乾燥を好むが、イネだけは湿潤を好む。

トウモロコシは中米の生まれで、ユーラシアに伝来したのは一六世紀以降のことである。トウモロコシは今では寒帯や高山帯を除くユーラシアのほぼ全域で栽培されているが、栽培の中心は夏雨地帯に偏る。イネは、東アジアから東南アジアを経て、南アジアにかけて、きわめて局地的に栽培されている。他の地域にも栽培がないわけではないが、濃淡はきわめてはっきりしている。コムギは、イネよりは広く分布するが、東南アジアなど湿潤な土地での栽培はみられない。欧州には比較的まんべんなく分布するほか、アジアでは、インド北西部と中国の華北《かほく》地方を中心に大産地を形成している。

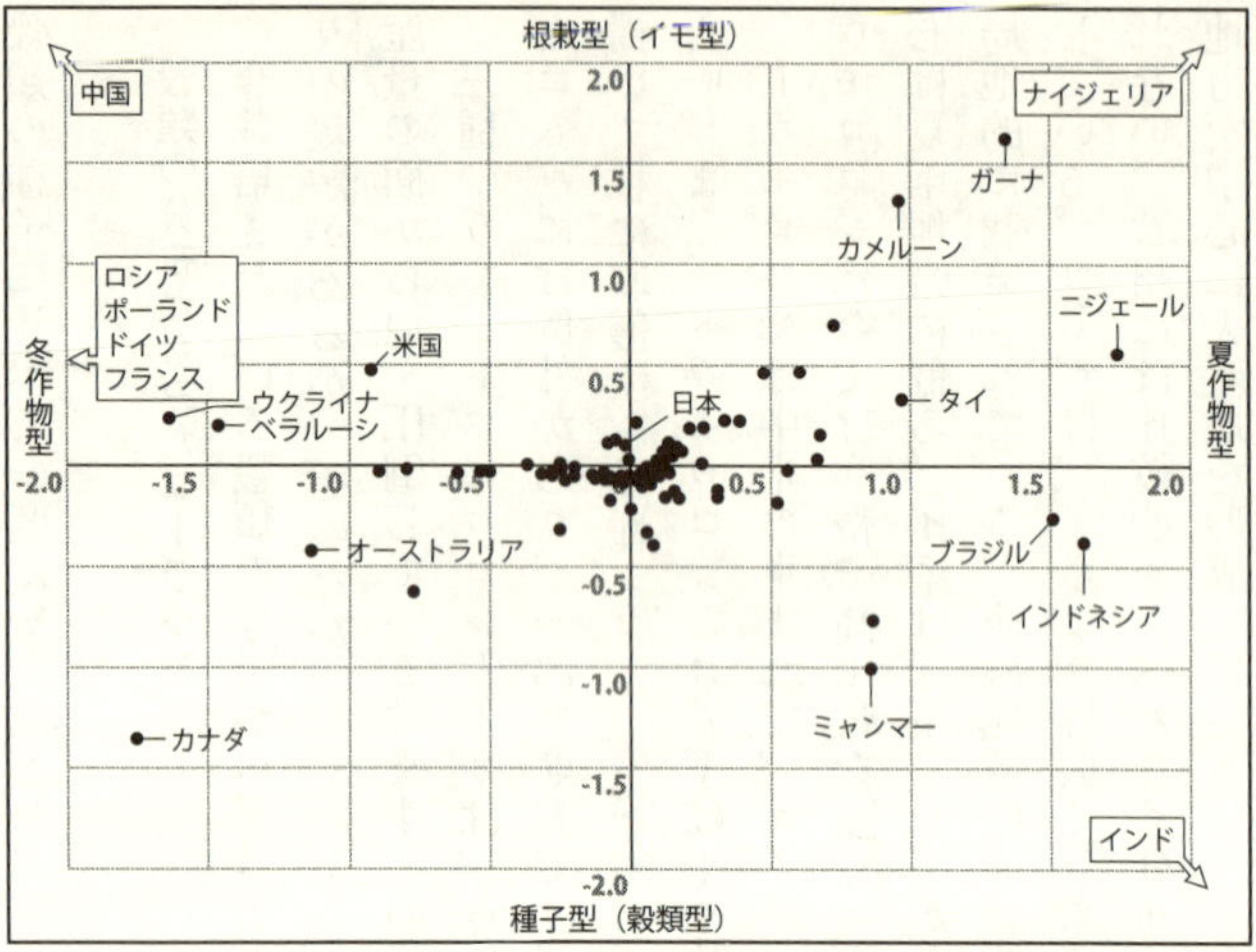

図2—4　国別の穀類・イモ類生産状況

このように、これら三大穀類は、その起源地とは遠く離れた地にも新たな産地を形成し、今では世界の人びとの食を支えるに至った。おそらくこの地上には、これら三種の食品を一度もみたことがない、口にしたことがないという人はほとんどいないであろう。とくに、トウモロコシとコムギについてはその傾向が顕著である。それだけに、これら三種については、それぞれの土地の風土に合った、じつに多様な品種が生まれた。その数どれほどか。今までに生まれた品種の数を正確に数えることさえほとんど不可能なくらいの数にのぼる、といっておこう。たとえばイネでは、世界各地の研究機関などに種子が保存されている品種の総数はおそらく数十万を超える。これらのなかには重複してカウントされたものもあるだろうが、半面、研究者によって集められることさえなかったものも多数ある。

　ところでここでは雑穀についても触れておきたい。雑穀には大きくいって、アジア起源のもの（アワ、キビ、ヒエなど）とアフリカ起源のもの（ソルガム〔コウリャン〕、パールミレット、シコクビエ、テフなど）とがある。いっぽう、冬に栽培される穀類は、先述のとおり「ムギ」と総称することにしたい。ほかに、インドから東南アジア起源のハトムギを雑穀に加えることもあるが、これはムギの仲間ではない。雑穀と、コムギ以外のムギは、生産量は三大穀類に比べるとごく小さいが、地域によっては、あるいは用途によっては、それ抜きには語れないものを含んでいて、なかなか侮りがたい。

　これら穀類の生産状況を国別に調べ、それを統計学的に処理して国を類別してみよう。その結果を図2―4に示す。世界の国ぐには大きく、冬作物の国、夏作物の国に分けることができる。そして夏作物の国はさらに、穀類の国とイモ類の国とに分けられる。これはわたしが恣意《しい》的にそのように分けたということではなく、統計学の方法に沿って分類した結果である。これらのうち、冬作物の国は、ユーラシアの西半分に圧倒的に多い。夏作物の国のうち、イモ類の国はアフリカに多く、穀類の国はユーラシアの東・南に多い。そこで以後、本書ではこの結果に沿って説明を進めることにする。

穀類から作られたアルコール

人類が発明した食品のなかで、アルコールはある意味で特異的な位置を占める。生存に必須《ひっす》かというとそうでもない。アルコールは体内ではエネルギー源として使われるから、糖類と変わるところはない。昔「米のエキス」をもらっているからといってご飯を食べない酒飲みたちがいたが、まったく道理のないことではない。ただし穀類はもともと保存が効くのでわざわざアルコールに加工する必要はない。いや、蒸留酒はともかくとして醸造酒は条件が整わないとそれほど保存が効くわけでもない。ただ、神経を麻痺《まひ》させる作用があるから、祭祀《さいし》やハレの日の祭りのときなどに飲まれたのであろう。あるいは多少の薬効も期待できるから、その意味では必須ではないにせよ重要な食品であったのだろう。アルコールは、がんらいが社会的な役割を持つ飲料であったと考えられる。

アルコール飲料の起源はごく古いものと考えられている。このことは、狩猟・採集文化にもアルコールを飲む文化があることから明らかである。最初は、熟した果実や漿果の糖分が自然発酵してできたものなのだろう。醸造酒のおこりである。しかし、遊動性《モビリティ》の高い社会が、大量のアルコールを持ち歩いたとは考えにくい。ある決まった季節に、祭りかなにかの際に一度に大量に醸してみんなで飲んだのだろう。

その後人類は穀類やイモ類、あるいは採集の対象であった堅果類をアルコールにすることを覚えた。これらはある程度の保存が効く。計画的で大量の醸造が可能になった、ただし、これらは糖ではなくそれが多数集まってできたデンプンをその主成分とする。穀類などをアルコールに変えるにはデンプンをいったん糖に変え、その糖をアルコールにするという二段がまえの工程が必要である。

このうちの第一段階であるデンプンの糖化には、大きく三つの方法がある。第一は、カビの仲間である麹《こうじ》菌を使う方法である。カビは、モチや古くなったパンなどによく生えるが、彼らはデンプンを糖に変えそれを栄養源に増殖している。麹菌はカビの仲間だから、高温多湿の環境を好む。この方法で作られるアルコール飲料には、日本酒（清酒を含む）や朝鮮半島のマッコリなどがあるが、麹菌による穀類のアルコール飲料がアジア夏穀類ゾーンに集中するのはそのためである。

第二のプロセスは、種子のなかにあるデンプン分解酵素を使うものである。植物の種子は、発芽するとき、蓄えたデンプンを糖に変え、さらにそれをエネルギーに変えて生命活動を維持する。だから、種子があるところには必ずこの酵素がある。そしてこの方法による醸造は周囲の環境の影響をあまり受けずにできる。その代表がビールである。

第三の方法はやや変わっている。それは、人間の唾液《だえき》を使う方法である。第二のプロセスは生きた種子にだけある酵素によるわけだから、イモ類や加熱した種子には使えない。そこで人びとは、とくにイモ類の産地などで、人間の唾液による糖化の方法を編み出した。ヒトの唾液には、デンプンを糖化する酵素が含まれる。だからこそヒトはデンプンをエネルギーに変えることができるのである。具体的には、ゆでたイモなどを口に入れ、よく咀嚼《そしゃく》したあと残りのイモに戻す。すると唾液中の酵素がそのデンプンを糖に変えるというしくみである。口噛《か》み酒といわれるものがこれである。他人の唾液を使うなどあまり気持ちのよいものではないかもしれないが、最近まで実際に使われていた方法である。

このように、人類はさまざまな植物のさまざまな部位に蓄えられたデンプンをアルコール飲料にしてきた。表2—2に挙げた一五の穀類もすべて何らかのかたちでアルコール飲料にされている。どの社会にも「酒好き」といわれる人たちがあまねくいるのも、なるほど道理である。

もっぱら酒造のために進化した植物は穀類以外にも知られる。おそらくブドウはその最たるもので、FAOの統計などによると生産量（二〇一二年の世界の総生産量は六七〇七万トン）の七割がワイン用である。品種改良もワイン用の品種としての改良が進んでいる。穀類のなかでは二条オオムギがもっぱらビール用に使われている。これももっぱらビール用の品種改良が進んでいる。日本における米も事情は同じで、清酒用の品種と食用の品種とははっきりと区別されている。

三大穀類の登場——第三ステージ

農耕の第三ステージは大航海時代とともに始まった。大航海時代は、トウモロコシをはじめとする新大陸生まれの穀類が旧大陸に伝わり、反対に旧大陸生まれのコムギ、イネなどが新大陸に伝わった時代である。この時代はまた、旧大陸と新大陸の住民たちが、相互に相手の存在に気づくとともに、人類が世界の範囲をはじめて知ったときである、といってよいだろう。

この時代の農業の大きな特徴が、地球規模での作物の移動である。穀類では、米、コムギ、ウシなどが新大陸に伝わり、大産地を形成するまでになった。反対に新大陸からは、トウモロコシのほか、ジャガイモ、カボチャ、サツマイモなどが伝わり、その農業と食の文化を大きく変化させた。ジャガイモの欧州への伝播《でんぱ》は、とくに北部欧州の農業と食の姿を大きく変えた。

ジャガイモはナス科に属する作物で、南米のアンデス地方が原産地であるといわれる。これが航海者たちによって欧州に持ち帰られ、一七世紀から一八世紀には北欧にも伝わった。ジャガイモが伝わるまで、北欧には、ライムギ、カブなど以外にはこれという作物がなかった。当然人口の支持力は低く、極端な言い方をすればそこは非農耕地でさえあった。北部欧州はジャガイモの渡来によってはじめて本格的な農耕地域になったといっても過言ではない。アイルランドでは、一七世紀からのわずか二〇〇年の間に人口は八倍に増えたが、その最大の理由はジャガイモの導入にあったといわれる。もっとも、北部欧州は一九世紀にこの地域を襲ったジャガイモの病気による大飢饉《だいききん》に見舞われる。アイルランドの飢饉はことのほかひどく、その影響はその後一〇〇年にわたって続いたといわれる。ジャガイモは、この地域の食を、いい意味でも悪い意味でも運命づけたのである。

しかしジャガイモは、最初のうちは社会からなかなか受け入れられなかった。京都橘《たちばな》大学の南直人《みなみなおと》によると、ジャガイモは地域によって受容の程度が大きく違ったとしながらも全体としては「導入当初は、貧民のための食物といった低い地位しか与えられず、そこから上流層にも受け入れられるまでには非常に長い時間を要した」と書いている（『食から読み解くドイツ近代史』）。ジャガイモが最初受け入れられなかったのは、それには毒があるといった風評や貧しい人びとの食料だといった偏見が関係していると南は考えている。じつは同じような歴史が、中国におけるコムギにも当てはまる。詳しくは第五章に書くが、コムギ渡来直後の中国では、コムギは遊牧文化という異文化の食料であり、それゆえに卑しく、口にすべきではない食料だったのである。

この時期、一部の地域では人びとの趣味が高揚し、いわゆる「変わりもの」に対する関心が高まった。種によってはひとつの種のなかにさまざまな品種が生み出された。とくに花卉《かき》（花もの）の園芸品種と呼ばれる多様な品種は、文化遺産として今に残っている。英国におけるバラ、日本におけるキク、アサガオ、サクラの品種などはその典型である。動物でも、ニワトリ、カイコ、ネコなどの多様な品種がこの時代に生まれている。欧州では、プラントハンターと呼ばれる人びとが、開拓されたばかりの世界航路に乗り出し、多様な品種を文字どおり命がけで集めた。彼らは世界中から集めた遺伝資源を用い、それらを相互に交配することでそれまでにはなかった新しい品種を生み出したりもした。そしてこの時代の経験と知が、メンデルによる遺伝の法則として体系化され遺伝学の発達を促した。

このステージの農耕が現代農耕の礎を築いたといえる。このステージまでは、農耕はまだ太陽光を使ってデンプンを作ることができるという、いわばエネルギーを生み出す産業であり、その意味では持続可能な生業の位置づけにあった。今でも少なくない農学研究者が、この時期の農業を持続可能（型）農業のモデルと考えて研究を進めているが、それはこうした事情による。

このステージの農耕のもうひとつの特徴は、その生産物の一部が家畜の飼料として使われるようになったことである。それまで、農作物とくに穀類はもっぱら人の食料として使われてきた。それを他に融通するほど農業生産は高くなかったし、だいいちどの社会でも食料を他に融通することに倫理的な制約をもうけてきたからである。しかしこのステージ以降、農産物の一部が家畜の飼料として使われるようになる。あるいは、本来農耕地として使うことが可能な土地に、牧草という、もっぱら家畜の飼料に使われる植物を作物として栽培するようになった。この、牧畜という、農耕と遊牧とを融合させたような新たな生業が生まれたのもこのステージの大きな特徴といえる（第五章参照）。

農耕の第四ステージ――現代の農耕

第四ステージは現代につながる最後のステージである。このステージではまず、単位面積当たりの生産性が、それまでの時代に比べて格段に増加した。そのはじまりは化学肥料や農薬など、石油消費に基づく農業の近代化によって幕を開けた。第三ステージまで、農耕は太陽エネルギーと水を原資に営まれてきた。それが、第四ステージの幕開きとともに多量の石油エネルギーが投入されるようになったのである。

化学肥料の普及は、単位面積当たりの生産を飛躍的に増加させた。日本の水田稲作を例にとると、化学肥料の使用量が従来の肥料のそれを上回った一九二〇年代には、ヘクタール当たりの生産は二・五トンを超える程度であったものが、今ではその約二倍の五・四トンに達する。近代が始まったばかりの一八八〇年のそれが一・八トン程度、そしてそれまでの生産性もそれとほとんど変わらない程度であったとされるから（佐藤、二〇一二）、化学肥料が単位面積当たりの生産性の向上にいかに有力な方法であったかが改めてわかる。

この時期はまた、先進地域では品種改良が国の事業となり、新たな品種が国境を越えて広まりはじめた時期でもある。さらに二〇世紀の後半に入ると、国際機関や多国籍企業による品種改良も始まった。イネの品種ＩＲ８（アイアール・エイト）は一九六五年、創設間もない国際稲研究所で開発され、その後国境を越えて熱帯の各地に広まったＩＲ系統の元になった品種で、その後「ミラクルライス」の名で呼ばれることになった。ＩＲの文字は、国際稲研究所の英名（International Rice Research Institute ＝ＩＲＲＩ）の頭文字二文字をとったものである。

この時期の後半に入ると、世界人口の半分が都市に住むようになる。一九五〇年には農村人口は都市人口の二倍を超えていたが、二〇一〇年には都市人口が農村人口を超えた。いまや世界人口の半分が、自分の食の主要な部分を他者に依存しているのである。こうしたこともあって、日本など一部の国には、世界各地で作られた農産物が地球の裏側からも運ばれるようになった。さらに、植物性の食材だけでなく、動物性の資源もまた、地球全体を流通するようになった。むろんその裏には、石油化学工業を基礎におく冷蔵・冷凍技術、包装技術、殺菌や保存技術の革新があったことはいうまでもない。いきおい、生産はいっそう大規模になっていった。しかも三大穀類への集中が進んだために、それまでになかった超大規模な農業経営者が登場し「見渡す限りの小麦畑」「コーンベルト」といった風景が生まれた。

品種改良や新たな種の育成にも格段の変化がおきつつある。遺伝子組み換え技術や、ごく最近注目を集めつつあるゲノム編集もそのひとつといってよい。そしてその主体も、国から多国籍企業をはじめとする巨大資本へと移りつつある。これらの品種改良は最先端のバイオテクノロジーの技術を使い開発に膨大な経費を必要とすることもあって、実際に栽培される品種の数はそれまでの時代に比べてぐんと減少した。これによって、種内の多様性である遺伝的多様性が大きく低下した（遺伝資源の喪失といわれる）。種の多様性も著しく低下し、今では世界の人びとが摂取するエネルギーの七〇パーセントを三大作物で賄うまでになっている。

生産された食材は、とくに先進地域ではさまざまに加工され、人びとの多様な食を支えるようになってきた。生産の方法にも大きな変化が生じた。ごく最近では、第四ステージの農業は、工業技術の導入によって支えられている。ビニールやガラスなどの資材とＩＴなどの技術を使った「野菜工場」などといわれる技術が野菜などの生産に持ち込まれてきた。そしてその担い手も、いまや国の研究機関から民間へと移りつつある。このように、農業には大規模な資本が投下されるようになり、一律化、大規模化、効率化といった工業の論理が農業に持ち込まれることとなった。もっぱら人びとのいのちと暮らしを支える生業であった農業は、ここにきて、工業の理屈と方法をとり入れ新たな産業として生まれ変わってゆく。いのちと経済効率が天秤《てんびん》にかけられるステージの到来といってもよいのではなかろうか。

この時代の農業は、また、環境に大きな負荷をかけるようになった。むろんそれまでにも、農業には環境に大きな負荷を与える側面があった。不適切な灌漑は、世界中で土壌の塩性化を引き起こしてきた。いわゆる塩害である。塩害の進行は今もとどまるところを知らない。塩害は、乾燥地帯だけでなく、湿潤地帯でもおきる。たとえば日本でも、温室での過剰な施肥によっておきる。過剰な施肥は、近くの水を汚染したり、また肥料分を多量に含む水が海に流れ、沿岸の生態系に影響を及ぼしたりしている。さらに、石油依存体質が進むことで、農業の持続可能性に黄信号が灯《とも》るようになってきている。さらにさまざまな面で人間の健康にも暗い影を落としつつあることもみのがせない。農業にはもともと、環境を破壊するという内在的な側面があったが、このステージの農業ではそれが顕在化したといえるだろう。

「環境に対する配慮」から、一部の研究者の間では植物を使った新たな燃料――バイオ燃料の研究が進められつつある。石油など化石燃料を使うと過去に地中に閉じ込められた二酸化炭素を環境中に放出してしまう。これが地球温暖化につながるというので、化石燃料に代わる資源として考案されたのである。しかも化石燃料はいずれなくなるときがくる。その点バイオ燃料は太陽光がある限り使いつづけることができる「持続可能」なエネルギーだというわけである。しかし、バイオ燃料の原料の生産に農地が使われることで、食料との競合をもたらすようになった。また、バイオ燃料の原料としてトウモロコシが使われるが、それが生産国の貧しい人びとの食を圧迫しているという報告もある。食料となるべき穀類が転用される事例としては、ほかにも、家畜の飼料が挙げられる。こうした「食料資源の取り合い」については第五章に詳しく書く。

食の問題はこの「食料の取り合い」のほかにも、生命倫理にかかわる大問題を引き起こしつつある。家畜の世界では、その餌に他の個体の死体である肉骨粉を与えていることが明らかとなった。その弊害が、クロイツフェルト・ヤコブ病となって、有蹄類《ゆうているい》家畜の生産者ばかりか不特定多数の消費者を恐怖のどん底に突き落としたことは記憶に新しい。家畜の世界では、ほかにも、少数のオス牛が何万、何十万という仔牛《こうし》の父親となっている事実、そして今では父の死後にもその仔が生まれつづけているという、今までの時代には考えられなかった問題がおきつつある。

人類はなぜ農耕を始めたのか

チャイルドの仮説――農業革命という考え方

人類はいったいなぜ、農耕などという作業を始めることになったのか。研究者の社会、とくに人類学の社会では、この問いは一種の中心課題のひとつである。かつては、農耕の開始が、社会の発展ないしは人類そのものの発展によるとの考え方が支配的であった。農耕を始める前の時代が狩猟と採集の時代であったことはおそらく間違いはない。

英国の考古学者ゴードン・チャイルドは二〇世紀の初頭に「農業革命」という考えを打ち立てた。それは、それまで狩猟と採集に明け暮れていた人類が、あるとき、文字どおりいきなり農耕を始めたという考えである。その後この急激な変化は「新石器革命」とも呼ばれるようになるが、要するにそれは、それまでの狩猟・採集で生きてきた社会が、一転して、しかも急激に農業の社会に転じたという仮説である。

チャイルドは――おそらくはこのころのヨーロッパの哲学者や歴史学者たちの間にかなり一般的に広がっていた見方のようだが――人類の歴史が、単純なものから複雑なものへと進化するという、いわゆる発達史観によっていた。だから、チャイルドの仮説は、農業のおこりをもたらした要因を、もっぱら社会の内部に求めるものであった。それまで狩猟と採集に明け暮れていた社会が、内部で発展を遂げ、ある時点で農耕社会に転じた、というのである。その文脈でいうと、農耕のはじまりも、その後の社会変化も、すべては必然ということになる。そして農耕の営みは狩猟・採集より進んだ営みであるという結論もまたなかば必然的に導き出される。狩猟・採集の時代を原始時代と呼ぶのは、こうした思想をよく反映している。発達史観は、異文化に対する差別の意識をその根底においているともいえる。そして異文化に対する人のまなざしは、好奇心と警戒心に支えられている。

発達史観はなにもチャイルドや欧米の研究者だけのものではない。日本にも、これに類する発想や、その発想を支える精神的基盤はあった。農業や農耕を営む社会が、それ以前の、狩猟や採集の社会に比べて進んだ社会だという考え方もその一つである。このことは小学校における歴史教育をみれば明らかである。日本の小学校でも、古代の前の時代は「原始時代」と教えてきた。つまり、古代とは農業を受け入れその余剰産物によって国家ができるようになった時代であり、その前の時代は、農業も農耕もない「原始の時代」だ、というのである。日本ではこの考え方は、農耕文化を受け入れたのが遅い東・北日本は西日本に比べて文化果つるの地、つまりは遅れた土地だという、長らく日本社会を支配してきた考え方とも軌を一にしている。

環境変動と農耕のはじまり――農耕開始の外部要因

農耕の開始の要因を、人間社会の内部にではなく、その外部に求める説もある。その代表的なものが、「環境変動説」である。一九六〇年代に入るころ、学問の世界にはちょっとした変革がおきた。西洋近代主義の時代に入ってからというもの、学問はどんどん専門的になり、いわゆるタコツボにはまり込んでゆく。異なる学問分野は互いに交流することも少なく、それぞれの世界で独自の発展を遂げていた。一九六〇年代ころになって、異分野間の交流が、細々とではあるが始まった。この後押しをしたのが公害問題や自然破壊といった人間と自然のかかわりの大きな変化である。なかには、自然科学と人文学や社会科学が手を結んで新たな分野が開けたりもした。そのひとつに、自然科学と考古学との連携がある。

それまで、考古学は、もっぱらその世界のなかで土器の編年とか道具の分類などに明け暮れていた。農耕の開始といっても、どのような栽培植物があったかなどが論じられることはむしろまれであった。チャイルドの影響もあり、関心はもっぱら、社会内部の変化や、どのような力が社会に農耕を受け入れさせるに至ったかに注がれた。

学界内部のこうした体質に衝撃を与えたのが、自然科学の方法の導入であった。なかでも年代測定法と花粉分析法が考古学に与えたインパクトはきわめて大きかった。考古学における年代観は、土器の形式によって示されてきた。他の遺跡との比較は、伝統的には出土した土器の新旧で行われてきた。しかし、土器の新旧では他分野の研究者の理解は得られない。自然科学を含めた異分野の研究者との対話には物理的な尺度、太陽暦における何年前といった尺度が適当である。そのため、放射性炭素（炭素14。自然界の炭素原子の大部分は炭素12）の半減期を用いた年代測定法が開発された。

いっぽう花粉分析法は過去の地層から出土する花粉の形状などから、その時代にどのような植物がそこにあったか、さらには植生はどのようであったかを明らかにしようという方法である。そして、植生がわかれば、そのときその場が温暖であったか湿潤であったかなど、環境条件が明らかになる。むろん花粉の種類の特定は、現存するさまざまな植物の花から得た花粉を「標本」として行われることになる。つまり、遺跡の地層などから見つけ出した花粉を、標本となる花粉と比べることでその種を判定しようというのである。

花粉分析はそれ以後急速に発達し、今では世界中の遺跡やその周辺で分析が進み、ここ何万年かの世界の環境変化の様相がおぼろげながら明らかになってきた。農耕の開始に関係する部分でいえば、今から一万三〇〇〇年ほど前におこった「ヤンガードリアス」という寒冷な時期の存在を示したことが、花粉分析法を認知させるようになったといって過言ではない。ヤンガードリアスとは、この二万年ほどの間におきた気候の変化のうち、インパクトの大きかった寒冷な時期のひとつである。地球は、約二万年前の最終氷期のころを境に今から七〇〇〇年ほど前の「ヒプシサーマル」と呼ばれている最暖期まで、一万年以上の時間をかけて温暖化した。ただし、温暖化のプロセスは一直線ではなく、何度かの「寒の戻り」を経験している。ヤンガードリアスは、こうしたいくつかの寒の戻りのひとつで、その正確な時期は、今からだいたい一万一七〇〇年前を中心とする前後数百年くらいの時期ではないかといわれている。

なお、ヤンガードリアスの名前の由来だが、「ドリアス」はチョウノスケソウという草本の属名で、寒冷な気候を好む。ヤンガードリアス期の名前の由来は、欧州の複数の遺跡で、この時期一時的にドリアスの花粉が増えたことによる。「ヤンガー」の名称は、ドリアスの花粉が増えた寒冷な時期が二回あり、そのうち新しいほうの時期であることに由来する。

花粉分析が、農耕のおこりとの関係で注目を集めたのは、イスラエルの研究者、バー・ヨセフたちが、西アジアの麦農耕がこのヤンガードリアスの気候の寒冷化を契機にしておきたという説を発表してからのことである。似た説は、国際日本文化研究センターの安田喜憲《やすだよしのり》らによって提出されている。どちらの説も、ヤンガードリアス期の寒冷な気候が、西アジア一帯の植生を貧弱にさせ、それによって野生動物の量が減少したと主張している。つまり、気候の悪化（ここでは寒冷化なのか、乾燥化なのか、あるいはその両方なのかはわからない）が、植物性の資源の枯渇を招き、それがもとで人間社会に農耕というイノベーションがもたらされた、というわけである。

環境変動説はどこまで正当か

環境変動説は、その後急速に受け入れられるようになってゆく。おそらくは、そのわかりやすい説明が多くの研究者の共感を呼んだのが大きな理由のひとつと思われる。大きな気候の変化がおきれば、農耕などの生業が大きな影響を受けるであろうことは常識的にも明らかである。

日本でも、江戸時代に東日本で頻発した飢饉の背景に、浅間山《あさまやま》の大爆発や、まきあげられた大量の火山灰による天候の悪化、さらにこの時代全体を通じての寒冷な気候があることは多くの研究者が認めているところである。寒冷な気候が、稲作の限界地に近い東北などで生産を大きく減らし、それに社会的な要因が加わって大きな飢饉になったということであるかに思われる。

しかし、環境の変化が――それが農耕に何らかの影響を及ぼしたであろうことは事実としても――飢饉の直接の原因であるかどうかはわからない。飢饉は、生産の急激な減少のほかにも、輸送段階での買い占め、売り惜しみなどの投機、都市機能の麻痺などが原因となっておきるもので、気候の急激な変化はその契機であるにすぎないという見方もできる。気候の変化などの環境変化がおきたことは事実として、農耕が始まったり、あるいは始まった農耕が衰退したりすることがはたしてその必然的な結果といえるのだろうか。

こうした疑問が生じる理由はいくつかある。まず、その後の研究のなかには、社会におきた変化や文明の盛衰などのできごとを、気候の変化と短絡的につなげて何でもかんでも気候のせいにしようとするかのような風潮が生まれてきていることである。「○○文明の崩壊は、ちょうどそのころにおきた温暖化、湿潤化によって洪水が多発したからである」、などと主張する論文がたくさんある。こうした研究は、しかし、気候の変化と社会の変化の間に、どのような因果関係があるのかをまったく説明していない。二つの事象は、たまたま相前後しておきただけなのかもしれないし、さらにいえば社会変化の兆候が気候の変化の以前からすでにおきていた可能性も否定できない。因果という語を使うのならば、二つの事象の間に、どれほど確固たる必然性があるのかはなにも証明できていない。気候の大きな変動が人間社会に影響を及ぼしたであろうことは容易に想像がつくことだが、大切なことは一連の事象の因果の環を明らかにし、その結果を将来に生かすことではないかと思われる。この点について、大塚柳太郎も最近、「気候変化が農耕の開始に及ぼした過程は複雑だった」ようだと述べている。(『ヒトはこうして増えてきた』)。

農耕に支えられた衣と住

薬・毒・嗜好品

人が薬というとき、現代ではその多くは医薬品を意味する。しかし人類社会はさまざまなものを、もっとも広い意味で薬として使ってきた。人類の長い歴史を通じ、摂取することで特定の薬効をもたらすものの存在やその効用は、ひとつの「知」の体系として社会に蓄積されてきた。むろんそうした「存在」の少なくないものが植物に由来する。しかも多くの場合、人びとはたんにそれらのありかを知っていて受け身的に採集するだけというのではない。ときには火を放ち、あるいは必要な攪乱を加えることでその「存在」をそこにあらしめた。オーストラリアの狩猟・採集民であるアボリジニの暮らしをつぶさにみてきた小山修三《こやましゅうぞう》は『森と生きる』

のなかで、食料、薬、道具、繊維、染料、装飾品などに使われる多数の植物資源を守るために、アボリジニは火入れを行っているのだ、といっている。

こうした例はまだある。形は少し異なるが、日本の修験道の修行には薬草や鉱物資源の探索、管理という側面があったともいわれている。それらのもののなかには人や動物を殺傷するための毒薬や、宗教行為などに用いられる、精神をトランス状態にさせる麻薬にあたるようなものもあったことだろう。薬というものを、こうした非日常あるいは極限状態から脱するためのもの、あるいは反対にそうした状態を作り出すためのものと捉えれば、それらは当然希少なものであり、社会のなかで特別な立場にあるものだけにアクセスが許されるようになる。こうした希少資源の保護あるいは占有や、それに対する反省は、その後の動植物資源の資源管理の発想へと展開してゆくのである。

時代が下るにつれ、国家や社会の中枢にいる人びとがこれらの資源を独占しようとしてさまざまな手段を講ずるようになる。希少天然資源が、無主物であったり社会全体の共有物であっては困る。それを独占することが権力の中枢にいることの大きなモチベーションであったし、またそれらを独占することで権力の権威をたもつことができた。薬となる動植物資源は、純然たる天然資源などではなかったのである。

薬に関係するものとして、嗜好性の強いいくつかの植物資源についても書いておこう。世界の各地には、ニコチンやカフェインなどの成分により習慣性があり強い嗜好性を持つ植物性の食材がいくつもある。ケシ、チャ、タバコ、コーヒー、カカオ、ビンロウなどがその代表であろう。これらはどれもそれぞれの地方地域に固有であったが、やがてそれらは大航海時代の到来とともに、あっという間に世界に広がり商品経済の坩堝《るつぼ》に放《ほう》り込《こ》まれていった。

さらに、これらのうち麻薬成分を含むものはその習慣性が極端に強く、常習した場合の健康被害も深刻なために排除され、表舞台からは姿を消そうとしている。習慣性がそれほど強くなく、また健康被害も大きくないチャ、コーヒーなどの栽培植物は世界中に広まった。コーヒーは、今では世界の低緯度地帯のいたるところで栽培されているが、新しい産地に伝わったとき、ごく少数の個体が運ばれその後そこで大ブレイクするという「ボトルネック効果」を繰り返したといわれている。チャの場合は少し状況が異なり、産地はモンスーンアジアを大きく離れることはなかったが、消費は世界中に広まった。しかしこれら嗜好性の強い栽培植物の用途は世界のどこでもそう大きく違うことはなく、栽培から消費に至るどのプロセスをとっても世界にそれほど大きな違いはなかった。伝播先での風土に溶け込んで新しい食文化を形成するより前に大産地を形成し、商業作物または換金作物としてその地で生産されるようになったのである。

古代国家はその威信をかけて、新たな植物資源の探索を行った。伝説ではあるが、古代中国秦《しん》朝の徐福《じょふく》は、不老不死の薬を求めて大部隊を率いて探索に出かけた。大航海時代、欧州の王侯や貴族のなかにははるか遠方、アジアにあるさまざまな植物資源に熱い視線を送る人びとがいた。彼らや、彼らの依頼を受けて広く世界を旅し、まだみぬ生き物を収集することに命をかけた人びとがいたのである。

植物繊維で作るもの

植物は人間の食を支えたばかりではない。その衣と住をもまた、支えてきた。古代の文明が生まれてからというもの、情報や指示、命令の伝達や人間の諸活動の記録の必要が増加した。こうした記録の媒体にはさまざまな資材が使われたが、それらには石や粘土板など無機質のものや動物質の素材のほかにさまざまな植物が使われた。動植物資源のよいところは、適切な管理をしておけば再生産が可能なところにある。和紙を含む東洋の紙は主には木本の繊維をほぐして膠《にかわ》や糊《のり》などで薄く固めたものである。いっぽう、古代エジプトで使われたカヤツリグサ科のパピルスは、茎を薄くそいで編んで作ったものである。中国や日本で使われたタケの薄板（竹簡《ちっかん》）や木の薄板（木簡《もっかん》）も、広義には記録媒体といえるだろう。こうしてみると、記録媒体の素材として、モンスーンアジアでは植物素材の繊維を使った「紙」の利用がよく発達した。紙はまた、障子やふすまの材料でもある。紙は建材でもあった。

紙の場合、植物の繊維は糸に紡ぐことなく、たたいたりあるいは漉《す》いたりして薄い平板に展開される。坂本勇《さかもといさむ》によると、インドネシアにはタパといわれる、たたいて作る紙の存在が知られている。むろんたたいて作る手法は紙だけのものではなく、動物の毛皮を使ったフェルトもその仲間である。しかし、布は植物繊維を糸に紡ぎ、それを織って作るものである。植物織維をほぐして作られた糸は、衣類の材料として欠かせないものであった。ワタ、アサ、アマなどは全世界で広く栽培されてきたし、ジュート、シュロなども地域性はあるものの繊維植物として広く利用されてきた。日本などでは布として使われた、苧麻《ちょま》の名でも知られるカラムシは昭和時代の終わりころまでは東北地方の山地部などで焼畑の畑で栽培され、収穫後は所定の方法で繊維を取り出し、さらに糸に紡いだ後は布に織られていた。モンスーンアジアでは、また、タケやトウ（籐）、さらにはフジヅルなどつる性植物のつるもまた、さまざまな形や大きさの容器の原料に使われてきた。

　繊維をとるための植物はこのように多種多様であるが、このなかで栽培植物として広域で生産され、また品種改良されて世界的に生産量を上げてきたのはワタくらいのものであろうか。

　こうした植物繊維の利用は、土地の風土を反映してモンスーンアジアではきわめてよく発達した。いっぽう西の麦農耕ゾーンでは、植物繊維の利用はそれほどの発展をみなかった。麦農耕ゾーンでは、建材の主要な部分は石であり、石膏《せっこう》や木材が補助的に使われる。土を突き固めた版築《はんちく》もしばしば使われてきた。

　人類はまた、さまざまな動物からも繊維や記録媒体の素材を得てきた。群れ家畜であるヒツジからは毛糸（ウール）がとれた。ヤギの毛はカシミヤとして高値で取引される。ヤクの毛皮もまた、ウールやカシミヤほどではないにせよ、特別の用途に使われる。そのほか、ウシ、ウマ、スイギュウなどの皮もカバンやクツをはじめさまざまな装飾品に、あるいは羊皮紙と言われる媒体として使われてきた。哺乳類ではないが、昆虫の産物のなかにも人間にとって有益なものがある。たとえば生糸がそうである。生糸はカイコガという昆虫のまゆを構成する細い糸をよったもので、中国をはじめとする東アジアでここ二〇〇〇年以上にわたって高級な繊維素材として使われてきた。それはユーラシア大陸を横断して欧州にも渡り、そこでもよく使われてきた。人類が使ってきたこうした動物質の資源もまた、家畜化された動物や身の回りの野生動物からとられてきたものである。

第三章　アジア夏穀類ゾーンの生業

アジア夏穀類ゾーンの区分け

アジア夏穀類ゾーンのさまざまな森

ユーラシア大陸の東端、本書でいうアジア夏穀類ゾーンは、高山や火山の近く、洪水が頻繁におきるところなどを別にすれば、大部分の土地が森に覆われていた地域である。口絵3の人工衛星画像をみていただこう。夏穀類ゾーンに相当する地域は、この画像では濃い緑色の地域におおむね合致する。色の薄い部分は都市域や標高の高い部分などになっている。このゾーンは、一部、インドシナ半島の奥地などには山肌の褶曲《しゅうきょく》が深く刻み込まれた地形もあるが、全体にはなだらかな地形が多い。理由のひとつは多雨で植生が豊かなために土壌がよく発達し、しかも雨による侵食を受けてきたからではなかろうか。また険しい地形の土地でも、険しさが森のベールに覆い隠されている。

豊かな森は、豊かな水に支えられてきた。北のほう、ベーリング海やオホーツク海など北の海に面する土地では、森は主に針葉樹の森である。その南には、落葉樹の森が続く。この落葉樹林は夏緑林《かりょくりん》とも呼ばれる、冬に落葉する落葉樹林である。この森はロシア沿海州の南部から朝鮮半島、黄海《こうかい》沿いの中国本土、日本列島では列島の北半分に広がっている。そしてその南には、南北の幅は狭いが東西に長く、その西の端がヒマラヤにまで達する照葉樹林の帯が広がっている。樹種は、常緑広葉樹が中心である。そしてその南には熱帯の森が展開する。熱帯の森にはさまざまな分け方があって、雨季と乾季がはっきり区別できる土地に展開する雨緑林《うりょくりん》と、年間を通じて降雨のある土地に展開する熱帯雨林とに分けるのも一方法である。雨緑林は落葉樹の森であるが、木々は、乾季の強い乾燥によって葉を落とす特徴がある。このように、ユーラシア東端の森は、北から南へと、緯度帯に沿って広がっている。

むろん、これらの森が南北に行儀よく並んでいるわけではない。森と森の境目がはっきりしているわけでもない。標高によっても森は変化する。富士山《ふじさん》をみてみるとよい。一番の裾《すそ》には常緑広葉樹の森（照葉樹林）が展開する。やや標高を上げると樹種は次第に落葉樹に代わり、さらに標高が上がると針葉樹が増えてくる。そして、ちょうど宝永《ほうえい》火口あたりから上にはもう森はみられなくなる（森林限界という）。

現代では、どの森も大規模に伐られ、なかにはその原形をとどめないほどに伐採されてしまったところもある。とくに日本列島など人口密度の高い土地では、元の森の痕跡《こんせき》すらないところもある。そういうわけで、先に書いた森の分布は、「潜在植生」、つまり森のあった時代の植生である。

森は、太古の時代から今に至るまでまったく動かなかったわけではない。とくに、この二万年ほどの間の気候の変動によって、その位置をずいぶんと変えてきた。生える樹種に注目してみれば、森は南に、北にと大きく移動を繰り返した。鳥の目線でみれば森は南北に動くのである。いっぽうある土地に居ついて――つまり虫の目線で――森の動きをみれば、樹種はさまざまに変化したとみえるだろう。たとえば、照葉樹林は、最終氷期の終わりころ（今からおよそ二万四〇〇〇年前）には、今の九州や四国の南岸のごく一部にしかみられないまでに後退していたが、七〇〇〇年ほど前の温暖期には、今の盛岡市あたりにまで北上していたといわれる。

森の違いは、生息する樹種の違いだけをいうのではない。地表近くに生える下草や、樹種や草種との相性で決まる大小の哺乳類だけでなく、さまざまな動物、昆虫などを含む動物種、微生物などの違いが、そこに住む人びとの生業にさまざまな影響を与えてきた。そこに棲んだ人の集団の生物的な特性や文化的な特性ともあいまって、森と生業の関係は相当に複雑である。以下に、北から南に展開する異なる森にみられた生業のようすをみてみよう。

針葉樹の森――排他的な森で

どの森にも、狩猟・採集を営む人びとがいたと考えられている。なかでも、落葉広葉樹の森が、一番多くの人口を支えられる森だったようである。それに対して、針葉樹林帯の地域は、年平均気温が低いうえ、デンプン（エネルギー）源となる植物資源に乏しい。それに伴って、草食性の動物の数もそれほど多くなく、結局、人間の人口支持力も低い。

針葉樹は裸子《らし》植物に属する。裸子植物は、その名のとおり胚珠《はいしゅ》（動物でいうと卵子にあたる）がむきだしになっている植物で、また圧倒的に風媒花《ふうばいか》が多い。どの花粉、あるいはどのような遺伝子を持った花粉が受精にあずかるかは風まかせ、まったくランダムである。いっぽう、被《ひ》子《し》植物の場合はそうではない。被子植物の場合には花粉は競争関係におかれている。とくに昆虫が受粉にあずかる虫媒花《ちゅうばいか》では、一度に多数の花粉が昆虫によって運ばれ、同時にめしべの先（柱頭《ちゅうとう》）につく。花粉は、花粉管という管が花柱のなかを通り、胚《はい》のうに向かって伸ばしてゆく。そして、その管を伝って遺伝子が胚珠に届けられる。したがって、被子植物では、受精の段階から優れた遺伝子を持つものが残りやすく、だから進化が速かったのだとマサチューセッツ大学のマッケイ教授らのグループは考えている。そして、そのためには昆虫の手助けが必要であった。被子植物は、昆虫を含めた他者との共存のなかで進化してきた、というのだ。

それに対して針葉樹はじめ裸子植物には花粉を風で飛ばすものが多い。どの花粉が受精にあずかるかはまったくの偶然である。花粉の間の競争はなく、進化は遅い。また花粉を運ぶのは風であり他の生き物たちの協力は必要ない。そのことの裏返しなのだろう、彼らはしばしば他者を排除する二次代謝物を生産している。カビなどに対する対抗手段というわけである。人間はそうした針葉樹の性格を利用してきた面もある。かつて『森の不思議』で、神山恵三《かみやまけいぞう》はヒノキのヒノキチオールなどのいわゆる二次代謝物について触れ、針葉樹が持っている微生物をやっつける効果を「フィトンチッド」と呼んだ。針葉樹の排他性を人が利用したというわけである。そしてそのため、針葉樹の森には豊かな食物連鎖が発達しにくい。もともと温暖であった第三紀に起源を持つ針葉樹は、生存に他者との協調を必要としなかったからだという説もある。食物連鎖のネットワークが未発達だということは、その森に入り込む動物相を貧弱にする。針葉樹の森には、人間社会もなかなか入り込むことができなかった。

この地の人びとが、当時、何からエネルギーを得ていたか、詳細はまだよくわかっていないが、最近の発掘調査などから次第にその姿がみえつつある。針葉樹の森では、先に述べた理由により、またその分布域が高緯度であるという特性も手伝って、一般には植物資源に乏しい。人びとは森周辺の草地に生えるベリー類などを採集してエネルギーとしていたであろう。また、川や湖沼、さらには沿岸部の魚類や海の哺乳類の捕獲が、人びとの生業の中心をなしていた。

このように、ユーラシア東岸北部の森は人にとって豊かな森とはいえない。ここに入り込んだ初期人類は、足早に駆け抜けて新大陸に渡っていったことだろう。同じように、この地域で発祥した農耕や遊牧の要素はない。ひとつの例外はトナカイの遊牧であるが、これについては次章で触れよう。

落葉広葉樹の森で

落葉広葉樹の森とはどんな森か

落葉広葉樹の森は、日本ではナラ林の森ともいわれる。それは、日本列島ばかりか、中国東北部にも広がっている。日本列島のナラ林の分布の中心は、東・北日本であるが、一部は、西日本でも標高の高いところなどに局所的に分布する。この森の主要な樹種は、落葉性のカシ(コナラ、ミズナラなど)、ブナ、ケヤキ、サクラなどである。これらは秋には紅葉して落葉する木々でもある。この森は「紅葉の森」といってもよい。

大陸部中国の落葉広葉樹の森は、多くがモンゴリナラの森である。モンゴリナラは、日本の森にある樹木ではミズナラ、コナラなどと同じコナラ属(*Quercus*)に属し、秋になると葉を落とす。だから冬の間中、森のなかが明るい。人には親和的な森といってよいだろう。そこには、日本の縄文文化と類似の文化が栄えていた。縄文文化は森林の文化であるといわれるくらい、森林の資源を多用した文化でもある。青森県の三内丸山《さんないまるやま》遺跡はじめ日本海側のいくつかの縄文遺跡では、クリなどの巨樹を使った建造物がいくつもみつかっている。このことは、よく、当時の森が豊かであったことの根拠として引き合いに出されるが——むろんそういう面もあるかもしれないが――、むしろ、樹木利用に長けた文化であったと考えることもできる。

落葉広葉樹林にいた人びとの暮らしは、とくに最近かなり詳しくわかるようになってきた。ここでは、岡田康博《おかだやすひろ》の『三内丸山遺跡』などをもとに、日本列島の北部、青森県の三内丸山遺跡を中心にいくつかの縄文時代の遺跡の発掘でわかってきたことを中心に書くことにする。この遺跡は、縄文時代の前期の中ころ（今から五五〇〇年前）から、中期の末ころ（今から四〇〇〇年前）までの、およそ一五〇〇年にわたって続いたとされる典型的な縄文遺跡である。

縄文時代は、主として狩猟・採集の時代であったといわれているが、中期以降は、一部で定住化が進行したこととあいまって、農耕の萌芽をうかがわせるものが出ている。とくに、主要なデンプン源として欠かすことのできなかったクリに関しては、たんなる採集の対象であったとは考えにくく、むしろ栽培化の過程が相当に進んでいたと考えたい。ともかく、クリは、日本列島に限らず、縄文時代相当期の東アジアの主要なデンプン供給源であったことは確かである。クリ以外にも、さまざまなドングリなどの堅果が広く利用されていた。ただし、堅果類の多くはサポニン、タンニンなど、ヒトにとっては毒性のある物質（アク）を含み、そのアクを除去する、いわゆる「あく抜き」が必要である。あく抜きの技術は、もともとは南の照葉樹林文化の、サトイモやテンナンショウなどのイモ類のアクを抜く技法に由来するのではないかといわれているが、はっきりしたことはわからない。

クリをはじめ堅果類は、生産性の高い年と低い年が交互に来る隔年結果という性質を強く示す。隔年結果がなぜおきるか、よくわかっていないが、ひとつの地域の株全体に、かなり共通して現れる。このため生産は安定せず、堅果類だけにエネルギーを依存するのは危険である。こうしたこともあって、人びとは多様な植物資源を獲得するシステムを構築していた。堅果と違い、微小な植物の遺物は、遺跡からはなかなか出土しないので詳細は不明だが、現在もそうであるように落葉広葉樹林の林床に生えるさまざまな植物——たとえばキノコ類や山菜と呼ばれる植物たち——が利用されていたことだろう。

定住化が進むと、集落とその周辺の土地の攪乱が進み、森は消え、代わって寿命の短い植物からなる一種の草原が現れる。雨の多い土地では、攪乱がなければ、植生はやがては森——それも極相の森——に遷移するが、遷移の力より攪乱の力が強ければ森は維持できず、その土地が長く草地のままでいることもある。草原の構成者たちはどれも、森の構成者たちに比べて寿命が短く、したがって頻繁に種子をつけて世代交代を図ろうとする。つまり、集落周辺の土地には、種子生産性の高い植物たちがよく適応することになる。定住傾向の強い集団が、次第に、植物の種子にそのエネルギー源を依存してゆくことになった背景には、こうした、生態系におきた変化が関係している。

タンパク質の供給源としては、小動物（ムササビ、ノウサギで全体の四分の三を超える。他は、イタチ、キツネ、リスなど）が多い。他の縄文遺跡ではシカとイノシシが多いのに三内丸山遺跡ではこれらはごく少ない。冬の雪深さが原因ではないかとも考えられているが、あるいは、シカなど大型の哺乳類は乱獲によってすでに相当その数を減じていたのかもしれない。鳥類や魚類の種類もまた多様である。鳥類ではガンが多く、周囲に湿地がたくさんあったのではないかと考えられている。魚ではサメ類、ブリ類が多いが、なかには体長が一メートルを超えるようなマダイの背骨がつながったままで出たりもしている。岡田は人びとがタイを三枚におろしていたのではないかと考えている。

人びとの集団は、かなり古い時代から、他の集団との間で交易を行ってきた。移動性の高い、小さな集団で生活が完結している時代は、完全自給自足も可能だったのかもしれない。いや、そうせざるをえなかったのだろう。しかし、定住傾向が強まると、その土地にないものは交易によって入手するしかなくなる。交換されたもののなかには、食料やその種子などの資源ばかりか、さまざまな情報を含んでいた。たとえば土器やその製法は、一万六〇〇〇年ほど前に東アジアの一角で発明されたものだが、これは七〇〇〇年ほど前にはシベリア南部を通って欧州にまでたどりついている。土器は、縄文時代の草創期には日本列島の北部にも達しているから、人びとはすでにこの時代から、おそらく頻繁に海を渡っていたことになる。

縄文文化は、このように大掛かりな交易を伴う文化でもあった。三内丸山遺跡の例でも、装飾品である玦状《けつじょう》耳飾りの原料であるヒスイは遠く新潟県糸魚川《いといがわ》産のものである。刃物の原料にされた黒曜石も、伊豆《いず》諸島はじめ各地で産したものが全国的に伝わっている。三内丸山遺跡で出土した黒曜石も、北海道や東北、信州の各地で産出したものと考えられている。

こうしたことを考えても、縄文文化はたんなる狩猟・採集社会などではなく、交易を伴った職能集団の萌芽もみられる複雑な社会であったことが知れるのである。

クリをどう考えるか

農耕といえば、今まではもっぱら穀類を中心に考えられてきた。この地域で成立した穀類というこでいえば、キビ、アワ、ヒエなどを挙げることができる。だが、穀類以外にも農耕を支えた植物がある。ひとつは、熱帯の島じまを中心に広がった根栽類であり、そしてもうひとつがクリであった。クリはクリ属（*Castanea*）に属する植物で、ドングリの仲間（*Quercus*）とは比較的近縁の植物である。クリとドングリの大きな違いは、食料という観点からいえば、クリは食べるのに先立ってあく抜きをする必要がないことだろう。

もうひとつ、植物の観点からすると、それが純林、つまりクリばかりの森を作らないところだろうか。シバグリとも呼ばれる野生のクリは、撹乱が加わったあとの落葉広葉樹の森などに散在するが、シバグリが大半を占める森、あるいはシバグリだけの森は、自然状態ではなかなか成立しない。自然の森のように思えるクリの純林も、調べてみると過去に人為的に作られた森林であることが多い。近代以降では、たとえば鉄道線路に沿ってできたクリの林が各地にあるが、それは、クリの材を線路の枕木《まくらぎ》に使うために人為的にクリを栽植してできた森である。現在では、枕木の主力はコンクリート製に移っているため、クリが多用されることはないが、以前はクリ林の伐採は深刻な森林破壊とまでいわれていた。しかし、クリ林はもともと人工林であったのである。

話が脇にそれたが、クリが縄文時代から特殊な立場におかれていたことは、出土した殻の量や花粉の量、さらに実の大型化などからも推し量ることができる。また、日本海側にある縄文遺跡のなかには、クリの巨木で作られた大きな建造物のあとなどがみつかっている。なかには大口径のクリの柱が円形に並べられた建造物や六本柱の建造物もあり、たんなる建物というよりは何らかの精神活動に使われた可能性があるともいわれる。クリは、縄文人には特別の地位にあった樹種だった可能性が高い。先出の岡田も、「管理」という語でクリのおかれた立場を表現している。

わたしは、別な角度からクリの栽培化に論及したことがある。それは、野生植物の集団が高い遺伝的多様性を持つことにヒントを得たものであった。まず、三内丸山遺跡で、クリのウェイトがもっとも高かったと思われる縄文時代中期の終わりころのクリの殻二〇個からDNAを取り出し、この二〇個の間の多様性を調べた。比較のために、現在の青森市周辺、三内丸山遺跡から半径一〇キロメートル以内に生えている野生のクリを二〇個体選び、それらから得たDNAの多様性を調べた。結果は、遺跡から出た二〇個のクリの殻が示す多様性（ばらつきの程度）は、現存する野生のクリのそれに比べて明らかに小さかった。遺跡周辺で人びとが食べていたクリは、遺伝的に似通ったDNAのパターンを示したのである。

この結果をどうみるかをめぐって議論がおきたが、わたしたちの解釈は、当時、この地のクリがよい性質を持った実を播いて次の世代の株を得るという強い選抜を受け、遺伝的多様性を失っていた、というものである。というのも、クリは、花粉を相互に交換しあう他家受粉をするので、ランダムに集めた実のDNAパターンが一様であれば、集団全体の遺伝的多様性が失われていたことを意味するからである。クリの殻が一本のクリの木からとられたものではないか、という「一本のクリの木論争」も展開されたが、もともと遺跡の土のなかからランダムにとられたクリの殻が一本の個体に由来するという仮定自体に無理があるうえ、たとえ仮にそうだとしても、一本の木に実った多数の種子が、たった一株の花粉で受粉したなどということがあるだろうか。それが多様性を失っていたのだから、遺跡周辺のクリ全体の多様性が失われていたと考えるのが自然である——これが当時わたしたちが考えた理屈であった。

人間による強い選抜を、農耕のはじまりと位置づけることには研究者の間での合意にはなっていない。「農耕のはじまりとはなにか」をめぐって専門分野ごとに、違った解釈がなされているからである。考古学の分野では、縄文時代は狩猟・採集を中心とする社会で、農耕の要素は仮にあっても小さい、と考えられている。わたしも、縄文時代が農耕を中心とする経済が営まれていた時代だと考えているわけではない。しかし、農耕の要素は、世界のどこをみても一気に浸透したわけではなかった。どんな社会でも、農耕の要素や狩猟・採集の要素は混在していた。問題はその割合なのだ。農耕の拡大は、時代の画期を示すようなイベントだったわけではない。それは、あくまでプロセスなのである。そのように捉えると、縄文時代は、狩猟と採集だけの経済から農耕社会への過渡期にあった時代と捉えるのがよいように思う。

縄文時代の農耕について、最近小畑弘己《おばたひろき》はその『タネをまく縄文人』の中で、遺物には残りやすいものと残りにくいものがあるという事実に言及しつつ、慎重な言い回しながらも縄文農耕の可能性を示唆している。縄文農耕について、最近ではその存在を肯定的に捉える研究者が増えてきており、今後はその具体的な内容の解明が待たれるところである。

アジアの雑穀、現れる

このような状況下で、キビ、アワ、ヒエなどの雑穀がこの地に登場した。発祥の舞台はたぶん、落葉広葉樹林帯とその周囲に開けた草原地帯との移行帯ではなかったかと思われる。あるいは、定住傾向を強めた人びとの集落のそばにできた攪乱生態系も、候補地のひとつである。ただし、その起源の場所を特定することはまだできてはいない。

これらの起源地として、ロンドン大学のドリアン・フラーは、最近の中国での発掘の結果などから、中国の東北部を想定している。いっぽうキビに関しては、東京学芸大学の木俣三樹男《きまたみきお》は、多元的な起源の可能性を認めつつも、その起源地としてアラル海から天山《てんざん》山脈の南西部を想定している。それによると、草原にいた狩猟・採集民が、自生するキビの近縁野生種であるイヌキビを自分たちの食料や、家畜の飼料として使うようになったのが最初である、というのである。

この地域は、かなり広い範囲にわたって夏雨地帯なので、かなり広範な地域が起源地の適地となり得る。加えて、中央アジアを含む広大な地域での発掘がまだ十分に行われていないこと、そして種子が小さくてよほど丁寧に調査しない限り見落としてしまっている可能性が否定できないことが、起源地の特定を困難にしている理由として挙げられる。直接の祖先型野生種がみつからないことも、起源地の特定を妨げている。

アワについても概略はキビ同様で、その起源地が夏雨地帯にあることは疑いない。そしてアワの祖先型野生種が、おそらくはエノコログサの仲間の植物であろうことがほぼ確かである。しかし、アワは多元的な起源地を持つ可能性が大きい。エノコログサの仲間の野生植物はユーラシア中至るところに分布するから、その分布から起源地を特定するのは困難である。今でも、原産地近くのアワの畑に行ってみると、立派な穂をつけた株と、日本でも雑草として生えているエノコログサと変わらないような貧弱な穂をつけた株とが混在している畑があちこちにみられる。口絵5は、わたしが、中国内《うち》モンゴルの赤峰《せきほう》市付近で撮影したもので、一枚の畑のなかに、じつに多様な形、色、大きさをした穂を持つ株が混在しているのがよくわかる。こうした畑の一筆を所有する人に聞いてみた。さまざまな形や大きさの穂を持つ株が混ざっていることは、彼ももちろん認識していた。しかし、大きな穂をつける個体を選抜して生産量を上げようという意図はあまり感じられなかった。ただしその理由はもうひとつはっきりしない。わたしたちは、生産量を上げることを無条件でよいことのように考え、したがってこのことを前提にものを考え質問を発してきた。だが、いろいろな地域で同じような質問を発するうち、わたしはこの質問自体にあまり意味がないように思うようになってきた。

ともかく、彼らは、さまざまな形の穂が混在する畑を容認している。畑の作りをみていると、春に、種子を畑に直接ばらまいたようにみえる。うかつにも播種《はしゅ》用の種子をどのようにして保存しているのかを確かめなかったが、播種用の種子と食用の種子は厳密には区別していないのかもしれない。そう考えれば、いろいろな形態の穂を持つものが毎年出現する理由も理解できよう。日本の民俗例では、翌年播種するのに用いる種子は、穂を束にして、台所の鴨居《かもい》にかけたり囲炉裏《いろり》の上においた籠《かご》などに入れておくなどして保存していた。翌年に播種するための種子を収穫された穂のままとっておけば、特定のタイプだけを選んで栽培することもできる。穂を選ぶ行為は、じつは品種改良のイロハのイである。ソバやトウモロコシのように他家受粉する植物では、ある性質を持った株についた種子を播いても、次の世代にはいろいろなタイプのものが出てくるのがふつうである。それに対して自家受粉するアワやイネなどでは、特定の形態や性質を持ったものを血統として育てやすい。

ヒエの起源は、厳密にはこれら二種とは少し違っているようである。ヒエは、日本列島が原産地ではないかと考えられている種でもある。ただし、日本原産といっても、日本だけが原産地かどうかはわからない。カナダ・トロント大学のゲリー・クロフォードは、北海道の二つの縄文遺跡から出土したヒエの種子の大きさを比較し、時代が下るにつれて種子が大きくなることを見出した。栽培化は、栽培植物の種子を大きくする傾向がある。クロフォードの分析は、この過程をみたものではないかとも思われる。静岡大学の野澤樹《のざわしげき》は、日本列島の野生のヒエが、DNAのレベルで大きな変異を持つのに対して、栽培ヒエは、野生ヒエのごく一部のタイプに収斂《しゅうれん》していることを見出した。ヒエが、日本列島のなかでも、野生型の種から選抜され栽培化された可能性を強く示唆する結果である。

これらの三種が夏穀類であることを考えると、その起源地もまた夏雨地帯に想定するのが自然である。そうすると、彼らの起源地が中国東北部を含む北東アジア一帯にあると考えることは自然なように思われる。またこれら雑穀が森のなかで起源したとは考えにくい。落葉広葉樹の森は、夏には葉をうっそうと茂らせ、その林床は昼なお暗い。森のなかは、雑穀の起源地としても栽培地としても適当な場所ではない。むしろ恒常的に攪乱を受ける土地が起源地として考えられる。

この森に生まれた文化は土器文化であるといってよいほどに、多数の土器を生み出した文化でもあった。縄文土器のなかの火炎土器のように装飾を施したものや、土偶のように装飾、あるいは何らかの精神活動にかかわりのあるものが多数出土している。土器を焼くには、当然、大量の燃料を必要とする。ある量の土器を焼くのにどれほどの燃料（薪炭）が必要か、意見は分かれているが、ここでは量については言及しない。ともかく、あれだけの量の土器を焼くには相当量の森を伐っていた可能性は高い。燃料や建材としての材木の利用量が、森の再生のスピードを上回っていたことは確かなようだ。

これらの事実を総合して考えると、これら三つの雑穀は、東アジアの北部の広い範囲で、今から数千年～八〇〇〇年ほど前には人びとのエネルギー源としての地位を確保していたようだ。おそらく雑穀農耕の確立は、人びとの社会にエネルギーの安定供給をもたらした。むろん安定といっても相対的なもので、それ以前の狩猟生活に比べての話にすぎないのだが。

雑穀農業の広まり――黄河文明の基盤はこう作られた

落葉広葉樹林帯に生まれた三つの夏雑穀は、やがて、四方へと拡散してゆく。一般に、夏植物は、南北方向、とくに北に向かってはなかなか伝播しない。北の地方では、植物の生育に適する時期が短くなるという事情のほか、夏植物が、日長時間が短くなるのに反応して開花させるプログラムを持っているからである。北半球の夏では、北に向かうほど日長が長くなり、そうすると開花時期がどんどんと遅くなって秋分のころまでずれ込んでしまう。しかし高緯度地帯では秋分のころというとすでにかなり寒い時期にあたり、種子の成熟が困難になる。だから、仮に人間が南の作物を北に運んでも、開花の時期がぐんと遅れたり、最悪の場合花が咲かなかったりして、種子を得ることができなくなる。食料が確保できないだけでなく次世代の種子さえ手に入れられなくなる。夏作物が北に伝播するには、この「日長時間が短くなるのに反応して開花させる」という性質を弱める突然変異をおこす必要がある。こうした突然変異はそうたやすくおきるものではなく、したがって北への拡散は容易ではないというわけだ。

三つの雑穀のうち、キビとアワは、やがて黄河の中流域で大きな人口を支えるようになる。そして黄河文明を支える源泉となってゆく。紀元前三〇〇〇～二〇〇〇年ころのことであった。古代中国の王権の成立や中国文明の成立の研究を続けてきた岡村秀典《おかむらひでのり》は、いわゆる黄河文明の舞台における生業についてかなり詳細に書いている（『夏《か》王朝』）。それをもとにわたしなりに解釈してみる。

黄河中流域の浅い谷に沿った大地は、この時代、まだ農業に適していたのだろう。少し小高い土地には森林が残り、黄河の水量を安定させ、土壌の浸食を防ぎ、また野生動物に住みかを提供していた。人びとのエネルギーを支えていたのは、先にも書いたキビとアワであったが、少しすると、ダイズ、イネ、コムギ、オオムギの栽培が散見されるようになる。

動物では、ブタ、イヌ、ウシなどの飼育動物のほか、シカ、コイ、すっぽん、ニワトリ、ネズミ、ウサギ、アナグマなどじつに多様である。だが、このリストのなかには、ヒツジやヤギは入っていない。それらが登場するのは、おそらく遊牧文化の拡大により、その影響が黄河の流域にまで達してからのことであった。ただし、同じ遊牧文化によって発祥したウシは、すでにこの時代、黄河の流域に達している。むろん、ウシが遊牧の対象としてこの地に達したのではない。岡村によると、ウシは黄河文明後期の王朝によって、いわば王権の象徴として飼育されていたのではないかという。ウシを飼うには、相当量の餌を必要とするが、王権としては、力の誇示にウシを飼育していたのではないかというわけである。初期の遺跡から出る家畜の骨の多くはブタの骨であった。なお、ブタとイノシシはその雑種が容易にできるなど明確な区別は困難であるが、この時代のブタがイノシシではなくブタであることはその骨に含まれる窒素の安定同位体比からわかるという。というのも、これらブタの骨の分析から彼らが生前キビやアワなどの穀類を多く食べていたことが推定されるからである。

さて、黄河文明の後半に入ると、その主穀は雑穀からコムギへと移る。それは、生業という観点からはきわめて大きな変化である。なにしろ、雑穀たちは夏穀類なのに、コムギは冬穀類（ムギ）である。そしてそれ以上に、コムギの渡来によって、食の生産やその文化を、「世界」という枠のなかで考える枠組みがはじめて出来上がったというところが大きい。黄河文明へのコムギの導入については、第五章で詳しく触れよう。

なお、最近の研究では、黄河文明のゾーンにも、古くからイネがあったことが明らかになりつつある。中国の研究者集団のなかには、このことを受けて中国文明というひとつの古代文明の存在を主張する見解が強い。これまでは長江（揚子江《ようすこう》）流域の稲作文化（長江文明という考え方も最近は広く受け入れられてきている）に支えられた文明と、黄河流域の雑穀文化あるいはコムギ文化に支えられた黄河文明とがあったという二元的な文明観が主力であった。ひとつの中国文明という発想は中華思想の強まりを感じさせ、背景に政治的な動きがあるととれなくもない。だが、黄河文明の範囲に、長江流域と同じころから大掛かりな稲作があったとは考えにくい。この時期の温暖な気候が稲作を北に押し上げたという議論をよく聞くが、先にも書いたように、穀類の北進を促進したり阻止したりするのは、気温ではなく日長時間である。温暖化して平均気温が上がってもそれでイネが北に向かって進むことはない。日長時間はその土地の緯度によって一義的に決まり、気候の影響は受けないのである。

動物資源はどうしたか

この地域の動物資源としては、まっさきに挙げられるのが、やはり魚などの水産資源であろう。これについては甲元眞之《こうもとまさゆき》に詳しいので、これを参考に論を組み立ててみることにする。

大陸のナラ林帯は、地図上では乾いたなだらかな土地で、現在では大畑作地帯が広がる乾燥した大地であるかに考えられがちである。だが実際のところ、この地は川や大小の沼沢地が広がる、相当に湿潤な土地でもある。そのためこの地域では、人びとの生業は狩猟や淡水漁撈を中心にしていたと考えられている。

魚類や貝類などの水生動物もまた、重要なタンパク資源であった。そして次に書くサケを別とすれば多くは淡水性の魚種であった。魚というと今では多くの人が海の魚をイメージする。海の魚の重要性は説明を要しないが、しかし同時に、人類が海の魚に依存するようになったのはごく最近のことであることに注意を払いたい。むろん、海の魚への依存がまったくなかったわけではない。三内丸山遺跡から出土した魚類の骨のなかにも、マグロ、ヒラメ、タイなど、海の魚の骨も出土している。しかし農耕開始前後の時代の漁獲の中心は、あくまで内水面での漁獲、つまり、淡水魚であった。

甲元は、この地の遺跡から出る疑似餌《ぎじえ》や銛《もり》に注目した。漁撈の証明には魚骨の検出を直接的な証拠としてよさそうだが、そうした動植物の遺体がほとんど出ないことも多い。そこで道具などによって生業の内容をみようと考えたのである。はたしてこうした道具の分析や、わずかに出土している骨から推定される魚種は、イトウ、コグチマスなどのかなり大型の淡水魚であったと想定されている。これらの魚は、ネズミやイタチなど小型の哺乳動物を餌にしていたとも考えられる。ほかにも、この地方の大河川に棲んでいたと思われるチョウザメなども漁獲の対象となっていたことが想定されている。

こうした漁獲の技術はその後、沿岸部の海産哺乳類にも及んでいたようだ。それらは、オットセイ、アザラシ、アシカ、イルカ、クジラなどであるが、南下するにつれてその種類が減ってゆく。大陸部ナラ林帯では、その豊かな淡水動物資源が、人びとの動物性タンパク質や脂質の重要な供給源であったと考えられる。この地の人びとの食を支えていた食材のセットは、「雑穀と魚」、ないしは「雑穀と野生動物」であった。

東アジア全体の傾向として、野生動物が家畜化されなかったことは注目に値する。動物資源は比較的豊富であったのに、人びとはそれを家畜化しようとはしなかった。ひとつの理由は、東アジアには群れで生きる野生動物が少なかったことが挙げられよう。群れをなさない動物は、小規模に飼育するのはよいがそれを生存の柱にするのは困難である。先述のようにシカやクマなど比較的大型の哺乳動物もいるにはいたが、彼らは群れをなさず、家畜にはならなかった。ジャレド・ダイアモンドは家畜になり得る動物の特性を次の六つの項目にわたってかなり詳しく書いている。その六つとは、餌の量（あまりに多くの餌が必要だと不都合）、成長速度（成長が遅いと経済的にペイしない）、繁殖上の理由（飼育の環境下で子づくりができるか否か）、気性の荒さや過剰な神経質さ、そして群れを作る習性の有無である。

東アジアで家畜が発達しなかったもうひとつの理由は、植物資源の豊富さにあると思われる。そして農耕が発達すると、人びとの手はそちらに割かれて、移動を旨とする遊牧にあてる時間やエネルギーはなかったのだろう。

漁獲・魚食の文化——サケを中心に

夏穀類ゾーンの人びとの暮らしで特徴的なのが、魚への高い依存であることは先に述べた。なかでも高緯度地帯では、回遊魚であるサケが、有史以前から人びとのタンパク質や脂質の供給源として重要な役割を占めていた。サケは北太平洋からベーリング海、オホーツク海あたりを回遊するサケ科の魚種で、これらの地域に河口を持つ河川では季節が来るとどの川でも大量のサケが遡上《そじょう》した。日本でも、北海道や東北、北陸の河川には、秋ともなると、「川面の色が変わるほど」多量のサケが川をさかのぼったという。サケは、これら地域の川で生まれ（母川《ぼせん》という）、川を下って海に入り、そこで成長し、秋になると母川に戻ってきて産卵する（母川回帰という）。北日本に縄文時代の遺跡が多数みられるのも、ある意味ではこのサケのおかげであるともいえる。つまり、獲れるときに大量に捕獲し、残ったものは保存して自分の食料にしたり交易に用いる社会システムが組み合わさってサケの文化が誕生したといえるだろう。

川面の色が変わるほど多量にサケが遡上すれば、その捕獲は容易であったかに思われるかもしれない。なにも捕獲のための新たな技術など改良しなくとも、十分なだけのサケが獲れたことだろう。しかし人間の社会はそうはしなかった。サケをよりうまく獲る方法や道具の改良が不断に行われた。資源の管理や公平な分配のためにさまざまな制度が設けられ、また祭りなどを通して人びとどうしの連帯感を高める工夫が凝らされた。こうした技術の進歩や制度の整備は、おそらくは資源としてのサケの減少に、あるいは長期的な変動に気づいた人びとの知恵であったのかもしれない。

しかし、どれだけ多量のサケが川を遡上しようとそれはあくまで季節的なものである。冬から翌年夏まではサケは一尾たりとものぼらない。秋にどれほどのサケが獲れようとも、冬から夏にかけては一匹の漁獲もなくなるのである。獲れたサケも放っておけばすぐ腐るか、他の動物にとられてしまうだけのことである。クマならば、多量に押し寄せるサケを手あたり次第にとって、脂肪分をたっぷりと含む皮の部分だけを飽食することもできよう。だが人間はそうはしなかった。すぐに食べるもの以外は、さばいてから塩をし、あるいは乾かし、あるいは凍らせ、またはそれらの手法を組み合わせて保存食とした。

少し象徴的な言い方をすれば、この地域の人びとの食は、クリ、ドングリなどでデンプンを得て、またサケや他の野生動物でタンパク質や脂質を得るスタイルをとっていたのである。そして穀物農耕のはじまり以後は、ウェイトが堅果類から次第に雑穀に移行していったのだろう。

魚は、ほかにも、魚油をとるのにも使われるし、またその骨が釣針などの道具や装飾品に加工されたりもした。近世に入ると、ニシンなど海の魚の大量捕獲に伴い、加工の過程で出た食べられない部分、つまり頭や骨などが肥料として利用された。つまりそれは、衣食住のさまざまな局面で多面的に使われてきた。

なお、ここでは漁獲・魚食という言い方をしたが、実際に使われる資源としては、魚類を含めた多様な水産資源を含んでいる。なかでも貝類は、その殻の捨て場が「貝塚」といわれるように多く利用された。ほかにも、水鳥、昆虫はじめあらゆる種類の動物が資源として利用されたことであろう。

遅れて伝わってきた稲作

人びとが、狩猟・採集や「雑穀と魚」の暮らしを営んでいたこの地に稲作が入り込んだのが、日本列島では二〇〇〇年ほど前、大陸の半島部で三〇〇〇年ほど前のことであった。日本列島では、この地には水田稲作のかたちで稲作が渡来したものと思われる。もっとも、考古学的には、水田のあとがない限り水田稲作の存在は証明されないから、仮にそれ以外の稲作、たとえば焼畑の稲作のようなものが入り込んでいても証明の手立てはない。

この地域に最初に水田稲作が入ったのは、日本列島では日本海側の地域のようである。青森県弘前市の砂沢《すなざわ》遺跡（弥生時代前期、およそ二三〇〇年前）で水田のあとがみつかっている。また、同県の田舎館《いなかだて》村にも弥生時代後期の遺跡（垂柳《たれやなぎ》遺跡）がある。ここからは一枚が数平方メートルからやや大きい程度の水田が数百枚もみつかって話題になった。落葉広葉樹林帯へのイネや稲作の渡来は、日本列島でも二〇〇〇年をさかのぼるというわけである。

ところが、稲作はこのあといったん後退するかにみえる。その原因はまだよくわかっていないが、古墳時代の寒冷な気候にその原因を求める議論が多い。弥生時代の温暖化が水田稲作を北進させ、その後の寒冷化によってふたたび南下したという解釈である。しかし、温暖、寒冷というわゆる気候変動によって稲作がいきなり北に進んだり南に下がったりしたと考えるのはあまりに皮相的である。繰り返すが、植物の南進、北進を妨げているのは温度ではなく日長である。イネが北進するには、日長に応じて開花の時期が決まるという日長反応性をなくした新たな品種の登場が必要である。しかも、生物としてのイネが高緯度に適するよう日長反応を失ったからといって、それだけの理由でイネが北進するわけでもない。社会がそれを受け入れない限り、稲作は北進しない。「温暖化したから稲作が伝わった」と考えるのは、人間はなにもしなかったというのと何ら変わらない。おそらく、弥生時代の温暖な気候は、稲作をこの地に持ち込もうという力の後押しをしただけのことである。

その力の主はおそらくはヤマトの王権であった。しかし、当時日本列島の東北部にあったのは、雑穀やクリなどの堅果を糖質の中心におく縄文文化である。当然二つの勢力は利益相反の関係にあって対立する。ひとつの集団にあっても、そのうちに稲作を受け入れようとする勢力とそうでない勢力とが同居していることもあった。もっともこの対立は、力による全面衝突を引き起こすことはあまりなかった。詳細は第五章に譲るが、この対立はその後数百年をかけ、ときには小競り合いを繰り返しつつ、ときには融和しつつ、やがては列島のほぼ全体に水田稲作文化が浸透してゆくのである。稲作文化の浸透はいまなお完成してはいない。東北地方の山間部などでは、ついこの間まで山の資源が人びとのいのちを守る命綱だった。少なくとも昭和の初期までは。だから、青森市の民俗資料館の田中忠三郎《たなかちゅうざぶろう》はこういっている。

「森は下北《しもきた》のデパート」と。

照葉樹林に生きた人びと

照葉樹林文化とはなにか

東アジアのもうひとつの森が照葉樹の森である。個人的なことで恐縮だが、わたしは和歌山県南部の生まれで、幼少期をそこで過ごした。そこは深い森が太平洋の外海とせめぎ合う土地であった。集落と田とは、森から流れ出る小さな川が海に流れ込むところにできた猫の額ほどの平地にへばりついていた。背後の森は照葉樹の森。それは冬なお黒ずんだ緑色を呈する深い森であった。夏には蟬《せみ》しぐれで会話も困難なほどだった。幼かったからだろうか、わたしはひとりでその森に入ることができなかった。恐ろしかった。塗りがはげ、朽ち果てそうになった鳥居の奥では、空は木々の黒々とした樹冠に覆われ、冬でも昼なお暗かった。夏ともなるとシイの木のむっとするような匂《にお》いを含んだ湿気が身体を襲ってくる。あっという間に全身を蚊に食われる。奥へと歩みを進めれば木と木、枝と枝の間に張り巡らされたクモの巣が、手や首まわり、顔にからみついた。じとっと湿った空気が身にまとわりつくようだった。濡《ぬ》れた落ち葉の堆積《たいせき》の下には、二五センチメートルもありそうなムカデがいることもあった。

照葉樹林とはこのような森である。神山恵三の『森の不思議』にあるような、すがすがしい、香気を含んだ空気が漂い、森林浴を楽しめるような雰囲気はそこにはない。あたかも人間に敵対しているかのような空気は、宮崎駿《みやざきはやお》のアニメ『もののけ姫』に描かれた森に漂っているかのような空気そのものである。照葉樹の森は、おそらく昔から、人には親和的ではなかったのだろうと思われる。

照葉樹林帯全体を俯瞰《ふかん》すると、その生態的特質から、東部を中心とする湿潤傾向の強い地帯と、西部のヒマラヤのふもとを中心に広がる山岳性の照葉樹林帯とに区別できるように思う。

照葉樹林帯は、東西にではなく、北東から南西方向に伸びている。その東端では中心の緯度が北緯三〇度付近にあるのに、中央から西端にかけては緯度が北回帰線（北緯二三・四度）付近まで下がっているのは、西ほど標高が高いことを反映している。

この地域における人口は、長江の中・下流域に集中していたようだ。そこは、典型的な水辺の地域だった。この地域における稲作の開始前後の遺跡の出土物をみてみよう。一九七三年に浙江省《せっこう》で発見された河姆渡《かぼと》遺跡では、最古の第一文化層（およそ七二〇〇年ほど前）からさまざまな植物の遺体が出土している。栽培植物としては、イネのほか、ユウガオの種子が出土している。出土した栽培植物の種類がいかにも少ない気もするが、発掘が一九七〇年代のものであることなどを考えれば、微小で少量の遺物が見落とされた可能性も考えなければならない。いっぽう野生植物由来の食物としては、ドングリ（*Quercus* 属の植物の堅果）、ハス、ヒシ、ジュズダマ（ハトムギの近縁野生種）などの名前が挙がっている。また食物以外の植物種には、シイノキやクスノキの仲間の植物など、温帯から亜熱帯に生える多様な種の花粉や葉なども出土している。当時は相当の温暖期であったことがわかっており、この地も温帯の森から亜熱帯の森への移行帯にあったのだろう。

日本列島では照葉樹林が広がっていたのは西日本であった。縄文時代の西日本では、火山の噴火後の遺跡が出現する傾向が強い。西日本で火山活動が活発な九州では、火山の噴火とその噴火直後に人間が入り込んだあとが認められるという。

これらの事例から明らかなように、照葉樹林は、生産性の高い森ではあるものの、人間にとっては必ずしも都合のよい森ではなかったといえる。だから、人びとは、水による定期的な攪乱や、火山の噴火といった突発的できごとによる攪乱でできた土地に入り込み、そこで狩猟や採集を行っていた。

なお、日本の縄文時代の人口について、小山修三による人口推計に関する研究がある。それによると、縄文時代の人口密度は、その全期間を通じて東（関東、甲信、東北地方）に高く、西（近畿以西）で低い。

稲作登場前夜の環境

今から一万五〇〇〇年ほど前、最後の氷河期を過ぎた地球は徐々に温暖化しつつあった。植物生産が拡大するとともに、人口も次第に増えつつあった。落葉広葉樹に覆われていたであろう長江の中・下流域付近では、森は、南から照葉樹の森へとその植生を変じつつあった。これは、人の社会にとっては不都合な変化であった。単位面積当たりの人口支持力が低下するからである。

人口の増加がおきたひとつの理由は、東南アジアのいわゆるスンダランドと呼ばれた土地や南シナ海沿岸部、さらには東シナ海から渤海《ぼっかい》にかけての海域に接する土地が、氷河期以降、次第に海に没しつつあったことによる。いわゆる海面上昇がおきて陸地がどんどん失われていったのである。問題は、これらの海がきわめて遠浅の海だということである。遠浅の海は、海面がわずかに上がるだけで、広い面積の土地が海面下に没する。わずかな海面上昇でも失われた土地は広大な面積にのぼった。おそらく、今まで植生があり、食料が得られた土地がどんどん使えなくなっていった。多くの人びとが、内陸へ、あるいは北方へと移動せざるをえなかった。このことで、内陸部と長江流域の人口圧が一気に高まったのだろう。

先にも書いたように、照葉樹の森は人にとって住みやすい森ではない。状況の打開には、森を焼き払うのがひとつの方法であった。焼き払った後には、瞬間的に草地ができた。草本の量が増え、バイオマスの種子生産性は一気に増したことだろう。さらに、草地に登場した柔らかい草本を求めて、野生動物たちが集まってくる。これは、格好の狩猟の対象となったことだろう。さらに遷移でできる二次林には、クリやクルミのような、食べられる堅果をつける落葉樹が混じったことだろう。

水辺でも、人びとの定住志向は強まっていた。水辺の草本たちもその枯れた茎や葉の部分が春先に焼かれることで、株からの再生、種子の発芽がよくなる。この水辺には、イネの原種である野生イネも生えていたものと思われる。それらは、さまざまな証拠から、種子ではなく、主に株で増える多年生の系統であったと思われるが、人口増加に伴う攪乱の強まりは、種子生産性の高い系統を有利にした。むろん、人びとにはそうした自覚はなかったであろうが、人びとはやがて種子生産性の高いものを無意識のうちに選別し、その種子を採集しては食料にしていた。おそらく、稲作の一番のはじまりは、こうしたところにあったものと思われる。

第二章に書いたように、このプロセスは栽培イネという作物が登場する前に行われていた、野生植物の栽培植物への変化という過程であったのだろう。そして、この、栽培化という行為は、栽培植物への進化を促す力になった。野生イネの穂や種子を採集して住居に持ち帰ることを繰り返すうち、人びとは熟した種子が穂についたままのものを自然と選び出すようになっていった。落ちた種子を籠かなにかに入れて運ぶよりも、穂のまま運んだほうがたくさんの種子を手に入れることができるからである。穂で刈った種子を運ぶようになると、そのなかでも種子の落ちやすい穂の種子は、運ぶ間に落ちてしまい、住居につくころには種子の落ちにくいものの割合が多くなる。つまり、住居から遠いところには種子の落ちやすいものが、そして住居近くには種子の落ちにくいものが生えるようになってゆくことだろう。こうした選抜は、定住の傾向が強まるほど有効に働くようになる。

稲作開始の場所は照葉樹林帯

こうした背景をもとにして、稲作が始まる。何をもって「開始」とするかによってそのときがいつであるかは変わってくるが、稲作は、古くみつもれば一万年以上前、新しくみつもっても八〇〇〇年前までには始まったものとみられる。ここでの「はじまり」は考古遺跡で遺物として検出される時期のことだから、野生イネの管理、というようなステージを入れて考えれば、

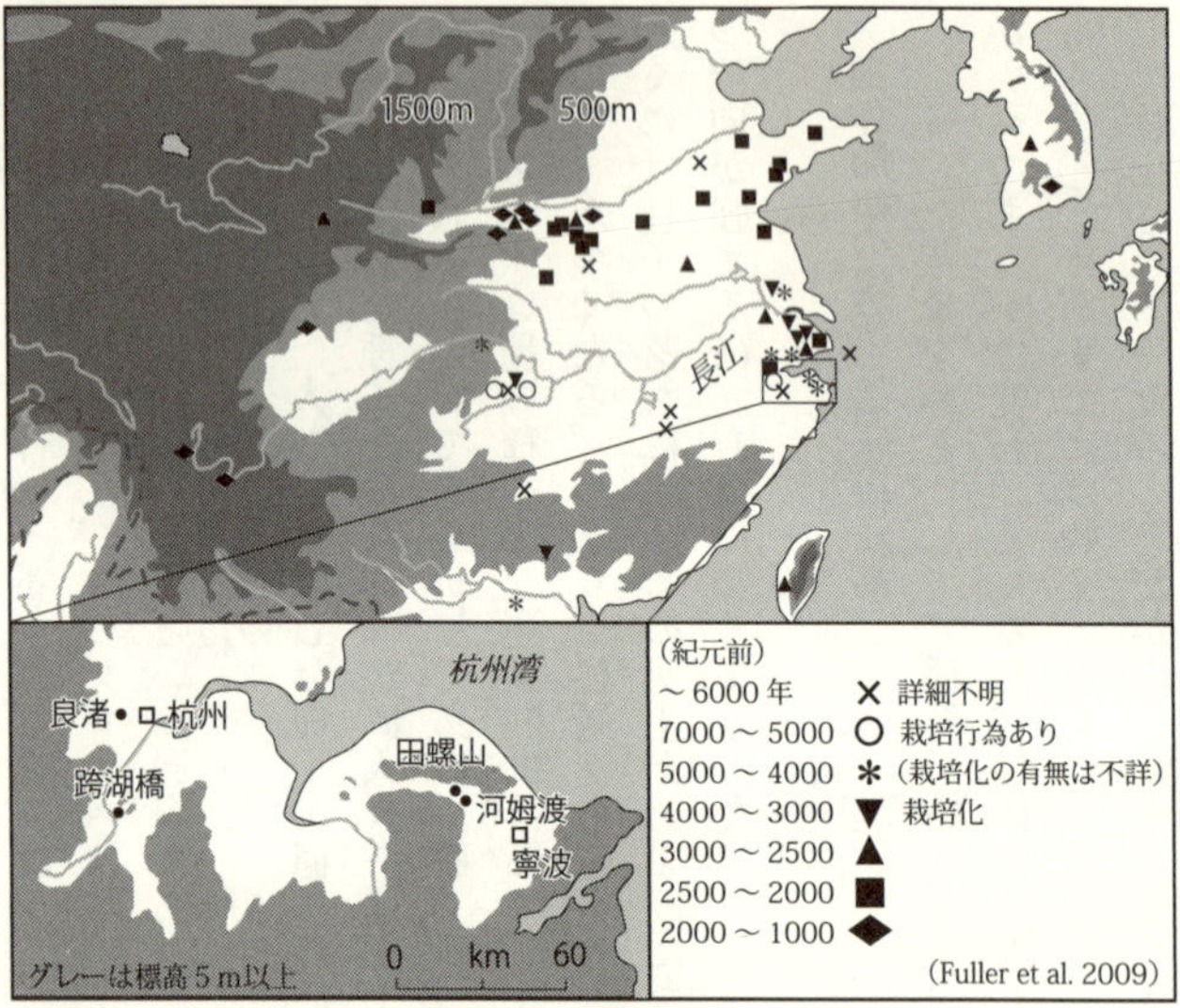

図3－1　長江中・下流域の稲作遺跡

その時期はさらにさかのぼるものと思われる。

「最古」の遺跡群は、図3―1のように、長江の下流域と中流域にまたがってみられる。これらはちょうど現在の照葉樹林帯の北限にあたる。一万年前の気候がどうであったか詳細はわかっていないが、今より少し寒冷であった可能性が高い。そうすると、照葉樹の森は南にあった可能性がある。その北に展開する落葉広葉樹林帯（ナラ林帯）への移行帯にあたる。先ほど雑穀の起源地が落葉広葉樹林帯と草原地帯との移行帯にあったらしいと書いたが、イネもまた、二つの森の移行帯のはざまで生まれたことになる。作物の起源が二つの森の移行帯にあるという共通項があるのならば、それは興味深い。

なお、すでに各所で明らかにされているように、長江流域で生まれたイネはジャポニカに属するタイプのもので、もうひとつのタイプのイネであるインディカは、さらに南方、夏緑林帯で生まれたのではないかとも考えられる。つまり、二つのイネは違った起源を持っていると考えられるのである。

二つのイネに関して、よく、「インディカ米はぱさぱさ、ジャポニカ米はねばねば」のようにいわれることがある。しかしこれは、それほど根拠のある話ではない。インディカ米のなかにもモチ米があって、それは当然のことながらねばねばするし、反対にジャポニカ米のなかにもぱさぱさの米を持つものがたくさんある。米の粘りを決める遺伝子は比較的少数で、しかも作用の大きな遺伝子は一個だけである。この遺伝子座（Wx遺伝子座という）に乗る対立遺伝子のうち、Wxaといわれる遺伝子は粘らないデンプンであるアミロースを盛んに作る遺伝子、Wxbは、Wxaほどではないがアミロースを作る遺伝子である。そして劣性遺伝子であるwx遺伝子はアミロースをまったく作らない遺伝子で、これを持つ品種はモチ米である。米の粘り具合はどのWx遺伝子を持つかでだいたいは決まるが、この粘り具合は調理法とよく対応している。Wxa遺伝子を持つ米は、多量の水で米をゆで、残り水は捨ててしまう、ゆでこぼしという方法で調理されることが多い。日本の米は圧倒的多数がWxb遺伝子を持つが、これは炊飯、つまり米を等量の水で炊く方法で調理される。wx遺伝子を持つ米はモチ米で、蒸して調理する。

こうした調理法の分化は、米が粒のまま調理されることによるもので、米に特有の調理文化であるといえよう。ただし米もまた、粉にして食べることがある。コムギと同じく粉に挽《ひ》いてから水でこね、麺《めん》にしたり菓子にすることが多く、その用途や産物はじつに多様である。なお、最近では、タイなどでもとくに都市部では炊飯器が普及し、「炊飯」の方法が広がりつつあるが、それでも水の量は日本の炊飯器に比べてずっと多い。日本の炊飯器では、米と水はほぼ等量であるが、タイでみた炊飯器では、水の量は米の量の一・二倍から一・七倍にも達する。

稲作と水田稲作

ところで稲作というと水田稲作と同義であるかに考えている人が多いが、水田稲作というシステムは稲作のなかでも特異な存在である。水田というからには水をためる畔《あぜ》が必要であるし、水の量をコントロールしようと思えば水を導き入れる用水路と、田にたまった水を排出する排水路が必要である。さらには用水路の上流にはため池などの施設が必要になる。田面は当然平らでなければならないので、傾斜地の水田は棚田《たなだ》のように段々にならざるをえない。傾斜が急になれば田んぼの幅は狭くなって、テレビなどでみかける棚田の風景になる。棚田を作り維持する技術や財力がなければ、傾斜地での稲作は畑での稲作——陸稲《りくとう》にならざるをえない。そして事実、傾斜地での陸稲栽培はアジアの各地に今も健在である。

モンスーンアジアのような多湿な土地では、主に雑草管理の必要から、焼畑がもっとも有効

図3―2　小豆島の棚田

な耕作方法のひとつである。斜面の森を開き、切った草木を焼いて肥料にしつつ雑草を防除するという優れたやり方である。焼畑は照葉樹林文化の農耕を支えた技術のひとつである、と佐《さ》々《さ》木《き》高明《こうめい》は書いている。

なお焼畑というと環境破壊の元凶のように考える人が今も多いが、広大な面積の森を焼き払って単一の作物を植えるプランテーション農業を別とすれば、焼畑は環境にむしろやさしい。詳細はわたしの『焼畑の環境学』などをご覧いただくことにして話を先に進めるが、焼畑の技術は休耕の技術と併せて、環境にやさしい農業のひとつであることはご記憶いただきたい。そしてこれによる稲作も相当に古くからあったと考えられている。ただし焼畑は考古遺物としてその痕跡を残しにくい。そのため、焼畑の稲作がいつごろから行われてきたかはあまりよくわかっていない。

焼畑農耕は野生動物の狩猟と組み合わせて営まれてきた。本書では狩猟・採集、農耕、遊牧の三つの生業を軸に論を進めてきたが、三つの生業はそれぞれが単独に営まれてきたのではない。社会や集団の単位でみれば、ひとつの社会や集団が二つ以上の生業を組み合わせることはごくあたりまえのことである。また魚などの水産資源の活用もみられる。焼畑農耕が動物の生贄《いけにえ》の儀礼をしばしば伴うことはよく知られているが、それもまた一種の生業の組み合わせの結果なのであろう。

では、湿潤な土地での稲作はどう進化したのか。おそらくごく初期の稲作は、野生イネが生えていた湿地の環境に展開したのであろう。浙江省の杭州《こうしゅう》湾沿いにある河姆渡遺跡など複数の遺跡からはイネの種子や農具らしいものは出土しているが、水田稲作の証拠とされる畔などの構造物はみつかっていない。まだみつかっていないだけなのか、それともそもそも水田がなかったのか。どちらが正しいかは発掘作業の今後の進展をみなければならないが、この地域での水田の検出は、これらの遺跡よりさらに次の文化層の登場をまたねばならない。

水田という仕掛けが意味を持つようになったのは、稲作が野生イネの生息地である湿地帯を離れ、水が必ずしも潤沢ではない土地に展開したときからである。そうした土地では水を貯《たくわ》えておくためのしっかりした畔、水を運んでくるための灌漑水路、そして水路の先にあるため池など水源の整備が必要である。そしてこうした社会のインフラの整備には、当然、国家レベルでのとりくみが必要になる。つまり、水田とそれに付随する装置は国家による投資の産物であり、だからその国家は農耕国家として発展していった。それでも、水田が今のかたちに「進化」するには、長い時間を要した。

このように考えれば、稲作の体系と水田稲作の体系を同じものとして扱うことはできない。水田稲作とは稲作のなかでも特殊な形態をいうのであり、しかもそのスタイルは地域により時代によりさまざまなのである。

水田漁撈というシステム

かれこれ二〇年にもなろうか。江南《こうなん》の稲作遺跡を回る調査の旅をしていたときのことである。旅の指南役湯陵華《タンリンホア》の発案で江蘇《こうそ》省の蘇州《そしゅう》の町から浙江省の杭州の町まで船旅をしたことがあった。今のように道路も整備されておらず、また鉄道を使うと上海《シャンハイ》経由でまる一日かかろうかという時代であった。「船は古くて汚いし、食べ物もろくなものがない。蘇州で夕食を調達して船に乗ります」という前触れではあった。はたして狭い船室の二段ベッドの蒲団《ふとん》はじっとりと重く、上段は煙草《たばこ》の煙で空気も悪い。最悪の船旅だった。しかし、船が通る大運河沿いの夜景は忘れがたいものとなった。

大運河は、華北《かほく》の天津《テンシン》を出て南下し、長江を横切ると蘇州市内を流れて江南地方の湖沼地帯を縫うようにして杭州に至る。その起源は七世紀にまでさかのぼるという。運河こそが、南北二つの中国を名実ともに統一させた大動脈であった。そしてこのような大土木工事を支えた財力のもとになったのが「長江文明」以来の稲作にあったことも、疑う余地のない事実であろう。

さらに、大運河やその周辺の大小無数の水路や天然の湖沼が淡水魚の生息地であることは疑いもない。江南という地は、すでに大運河のころから、いやおそらくはそれよりはるか以前から水田漁撈の本場なのであった。

大運河は、その名に大の字を冠するだけのことはあって船の行き来は激しく、また場所によってはその幅も広い。いっぽう、田園地帯を進むようなところも当時はあって、そういうところでは両側に田畑が広がっていた。眠れず気晴らしに船室を出てみると、月明かりに照らされたそこは一面の菜の花畑であった。菜の花のよい香りが、あたりに漂っていた。夏にはイネを、そして冬にはその裏作でナタネやムギを作る。これは、この地の農耕の基本的な姿である。むろん、ナタネもムギもこの地では外来の作物である。このことを含めて、水田漁撈というシステムが裏作を伴う現在の姿になるには数千年の時間を要した。

水田稲作そのものは、この地に発祥した後、王権の後押しを得て急速に展開してゆく。そしてイネはやがては夏穀類の王者となり、人びとのいのちを支えるようになってゆく。さらに、水田のシステムは夏穀類ゾーンの漁撈のシステムの進展を下支えしていった。蘇州の東、陽《よう》澄湖《ちょうこ》という湖のほとりにある草鞋山《そうあいざん》遺跡からは、六〇〇〇年以上も前の水田ともいわれる遺構がみつかっている。むろんその「水田」は今のそれとは大きく異なる。イネを植えるための装置というよりは、イネも植えたし魚も獲ったというような、多目的の構造物であった可能性が高いとわたしは考えている。似た構造物は、この周辺のいくつかの遺跡でもみつかっている。

発掘された「水田模型」――古代中国の農耕世界

水田漁撈のシステムの存在を示すらしい興味深い遺物が、四川《しせん》省はじめ中国南西部のいくつもの遺跡からみつかっている。東海大学の渡部《わたべ》武《たけし》によると、それらは陶製で「水田模型」と呼ばれている。そこには、イネの切り株のほか、魚や鳥が描かれ、あるいは精巧な形をしたそれらが貼《は》り付けられ、イネと魚や水鳥が田という構造物に共存していたさまがうまく表現されている。作者の意図はわからない。だが、かなり広範な地域の、それもある程度の時間の幅をもって製作され副葬されていたことを考えれば、水田の豊穣《ほうじょう》を意図して製作されたものであることは容易に想像されるところである。そしてそこに田や稲株のみならずさまざまな随伴動物が描かれている事実は、彼らが稲作と深い関係におかれていたことを暗示している。

水田のシステムの拡大は、そのまま魚など水生の動物の生息範囲の拡大を意味した。むろんこの地には水のたまる湿地はいくらもあったが、水田の環境とはイネという生き物の生活環境に合わせた人工環境である。そこに適応する魚種は、だから、稲作という人為環境に合うかたちで進化してきたのである。その意味では、これらの天然資源もまた、純然たる天然資源ではなく、多少の人為を受けたものといえる。ただそれらは生殖の管理を直接に受けていないという意味で天然資源なのである。

この地の名物料理はなんといっても魚介や水鳥の料理である。魚介の主力は淡水魚。それを素揚げにして甘酸っぱい餡《あん》をからめたり、ハーブ類とともに蒸して供するのである。今でも中国は世界最大の、しかも突出した淡水魚の生産を誇っている。人びとはそれを米とともに食べる。朝は粥《かゆ》にして、昼と夜は茶碗《ちゃわん》飯にして。こうした食習慣は、時代が変わったとはいっても、とくに地方では何ら変わってはいない。さらにこの地域は、年間を通じて多湿でかつ気温も高い。微生物の繁茂には好適な環境となる。これは第二章にも書いた動物性タンパク質の保存と輸送をいっそう大きく制限してきた。微生物の活動が活発であることは、腐敗菌の危険性が増すということでもあるが、同時に発酵食品の発達を促した。同じ田でいのちを育まれたイネ（米）と魚を併せて発酵させるなれずしのような食品もできた。このように、水田漁撈という生産のシステムは、食の営みにも大きく影響した。

やがて、豊かな水に恵まれたモンスーンアジアの温帯地域では、水田漁撈の生業システムそのものが照葉樹林文化のなかにとりこまれてゆく。照葉樹林文化の要素として漁撈が取りあげられるのは鵜飼《うかい》の伝統くらいのものであるが、そのじつとくに低湿地では照葉樹林文化は淡水の漁撈文化と深く結びついてきたといってよいだろう。

なお、この淡水漁撈という生業のシステムや文化についてはまだ書くべきことがたくさんあるが、紙面の関係からここではこれ以上展開はしない。改めてその機会があることを願っている。

東アジア穀類センターの登場

人間文化にはもともと保守的な性格がある。とくに食の文化においては、何か強い力が外から加わらない限り、なかなか変化しない。都市が拡大し、また、異文化との交易が活発になるにつれ、異なる文化を背負った人びとの集団がひとつの都市の周辺に住むようにもなった。中国ではすでに春秋戦国時代には、さまざまな集団に属する人びとが行き来していた。今でいう、国際的な交流が始まっていた。

この時代の少し前、今から三〇〇〇年以上前の、今の新疆《しんきょう》ウイグル自治区の小河墓《しょうがぼ》遺跡では、さまざまなミトコンドリアDNAを持つ人びとの遺体が発見されていて、人の移動は疑いないものと考えられる。

日本でも、平安京のころから、京都盆地を中心に秦《はた》氏はじめ帰化人の集団がいくつもあったことが知られている。彼らは日々の食材なども自前で作るか、あるいは作らせていたようで、都市の周囲にはさまざまな食材が集まってきていた。五世紀を下るころから、畿内のいくつもの遺跡からコムギの種子やウマの骨が出ている。また「蘇《そ》」「醍醐《だいご》」などの乳製品が作られていたことも記録に明らかである。帰化人については大掛かりな職能集団であったというのが最近の定説であるが、彼らは彼ら自身のいのちを支えるために、その食材を持ち込んできたりもしていた。

こうした交易活動により、世界のいくつかの地方では、各地から集まってきた人びとが持ち込んだ穀類が栽培されるようになっていった。そのひとつが、渤海を囲む朝鮮半島や山東《さんとう》半島、遼東《りょうとう》半島一帯の地域である。ここでは、今から四五〇〇年ほど前までに、イネ、コムギ、アワ、キビが広く栽培されており、世界でも先進的な穀類栽培地域になっていたものと思われる。とくに、夏穀類ばかりか冬穀類もが栽培されていたことに注意を払いたい。

なお、この東アジア穀類センターの成立は日本の食文化にも影響を与えている。「五穀」という語の存在もそのひとつで、具体的には、米、麦、粟《あわ》、稗《ひえ》、豆の五種をさす。稗をはずして豆を大豆と小豆に分ける『古事記』の考え方もある。また、麦というときコムギをいうかオオムギをいうか、それとも総称としてのムギという意味で使うかなど、五穀の語にもバリエーションがありそうだ。いずれにしても五穀は、日本を含むこの地域では中世以降、味噌や醤油《しょうゆ》など調味料の素材として重要な役割を果たしてきた。日本列島の一部もまた、おそらくはこのセンターのなか、あるいは周辺に位置し、これらを一括して五穀と呼び習わす文化的風土を形成してきたと考えるべきであろう。

消えゆく照葉樹林文化――「中国世界」の拡大

だが、照葉樹林文化は今、大きく衰退し、当時の面影さえもない。その最大の理由は、言葉にしていえば食や農耕の文化のグローバル化にあるということになるが、詳しくみてゆけばそれほど簡単な話ではない。照葉樹林文化とは、ユーラシア東部の温帯ゾーンを東西に長く伸びる照葉樹林帯に展開した固有の文化である。その帯の中央部は、照葉樹林文化についての人びとの関心が高まった一九六〇年代、「秘境」といわれるほどアプローチが困難で、当時は専門家でも現地に入った経験を持つ人は少なかった。なにしろ、最奥部は中国雲南省の山中。外国人には未開放の地域でもあったし、南側のラオスやベトナムもベトナム戦争やその後の混乱が打ち続く時期で、入国さえ容易ではなかった。秘境は、政治という厚い壁に囲まれた人為的なものであった。しかし、その西の端にあたるヒマラヤの南の山麓《さんろく》は比較的早い時期から入境が可能になっていた。一九六〇年代の終わりには、ネパールやその東にあるブータンには調査隊が入るようになっていた。

こうした専門家が目の当たりにしたのが、日本文化とじつによく似た人びとの暮らしや文化の存在だった。断片的な調査からは、タイやミャンマー（当時はビルマといった）の北部にも似た文化があることが知られるようになっていた。高床式の家屋や茶を飲む習慣、そしてモチ食。さらには絹やタケの利用という面でも類似性が認められた。研究者らは、秘境の呼び声の高い中国雲南省からインド・アッサムに至る「アッサム―雲南地方」に熱い視線を送ったのである。

一九七〇年代に入ると交通の便もよくなり、また日本の経済力がアップしたこともあって、学術調査の機会はぐんと増えた。そこは、相変わらず秘境であるに相違なかったが、予想にたがわず、さまざまな照葉樹林文化の要素があますところなくみつかっていった。ちょうどこのころ、この地がイネの起源地であるという「アッサム―雲南起源説」が登場し、照葉樹林文化論との「二人三脚」で強固な学問的基盤を築き上げてゆく。

その後、九〇年代に入り、「アッサム―雲南起源説」に疑問が呈されるようになると、照葉樹林文化論に対する疑問が出はじめる。稲作の中心が照葉樹林文化の中心ではないということになれば、両者の固い結束が崩れるからである。しかしそれはやや短絡した見方ではないか、とわたしは考える。照葉樹林文化の中心は二〇世紀には「アッサム―雲南地方」であったかもしれないが、はたして何千年も前からそうであったといえるだろうか。それに、照葉樹林文化というひとつの文化が、東西数千キロメートルの距離を隔て、また数千年にも及ぶ時間を隔てても変わることがなかったと考えるのはずいぶん乱暴な話である。

二一世紀に入った今、状況は大きく変わった。なにより大きいのが「中国」の巨大化と文化的膨張である。これまで、中国国内でも長江中流の湖南《こなん》省や江西《こうせい》省などの地方には照葉樹林文化の諸相が色濃く残されていた。街角の看板や駅の案内などは漢字表記で、そこはたしかに「中国」であったが、こと生業や食という視点からみれば北京《ペキン》など華北地方との違いは際立っていた。さらに南下した四川省から雲南省にかけての地域は、中国の行政単位でありながら一方では文化的独自性を持ちつづけてきた。いくつかの省内には少数民族の自治県もあり、また広西《カンシー》省などは正式には広西壮《チワン》族自治区ともいわれるくらい壮族が多い土地でもある。しかし今、これらの地域でも「中国」の部分がどんどん強まっている。かつてはこれらの地に行くのは、国内の北京や上海からでもたいへんなことだった。たとえば上海から湖南省の省都長沙《ちょうさ》に行くにはまる一日の汽車旅を覚悟しなければならなかった。ところがいまや飛行機での旅が一般化し、上海―長沙は一時間の距離になった。テレビやインターネットを通じての情報が洪水のように流れ込み、文化も、食を含む人びとの暮らしもどんどん「中国化」していった。中国化の波は南に伸び、東西に走る照葉樹林文化の帯を完全に分断し、かき消しつつある。「照葉樹林文化などという実体はない」と考える人びとの目には、かつて東西方向に色濃く伸びていた軸は、もはやみえなくなっているのであろう。

ベトナム、ラオス、ミャンマーの北部など中国と国境を接するかつての「秘境」でも、中国の影響は年々強まりつつある。アジア・ハイウェイの開通により、中国製の商品がどんどん流れ込んでいる。反対に、木材や他の森林資源などがこれらの地からどんどん中国へと運ばれてゆく。いまやアジアの秘境だったこの地では、中国を軸とするモノや人の流れが圧倒的に強まっている。昔を知らない人がこの地をはじめて訪れれば、そこはもう中国の一部、あるいは中国圏である。照葉樹林文化という東西に伸びる軸を断ち切って膨らみゆく「中国」という南北に伸びる文化軸。現代とは、そういう時代なのであろう。

熱帯の森の生業

インドシナの森と生業

照葉樹林の南には熱帯の森が広がる。森の種類は場所によってずいぶんと違う。中国大陸では、長江が東西に流れる谷の南に連なる低い山やまの南の山麓あたりから、森は熱帯の森の様相を見せはじめる。景勝地として有名な桂林《けいりん》あたりが、ちょうど二つの森の移行帯となる。インドシナでは、貴州《きしゅう》省から雲南省あたりに広がる雲貴《うんき》高原と呼ばれる高原に続く、高くはないが深い山やまが連なる地形になっている。森も、照葉樹の森から、下るにしたがって熱帯の樹種が増えてゆく。インドシナ山地はとくに南のほうでは決して高くはないが、深く、またところによっては急峻《きゅうしゅん》な山やまが連なる。

インドシナ山地はその北部に展開する照葉樹林文化に続く地域で、人びとの生業もまたその影響を色濃く受けている。この地で糖質の中心にあるのはモチ米である。かつて、渡部忠世《わたべただよ》は、ラオスを中心とするインドシナ中央部を「モチ米文化圏」と呼び、その人びとを「餅《もち》を食い、茶を飲む人びと」と書いたことがある。ただし現在ではそのエリアは急激に狭まりつつある。その傾向が一番強いのがタイの東北部で、一九八〇年代ころまでは地域全体がほぼモチ米地域であったのに、今ではそのエリアではモチ米の消費はぐんと減ってきている。

ここではモチ米のほかにもハトムギ、アワなどの穀類のほか、サトイモやヤマノイモなどの根栽など多様な資源が知られる。タンパク質源もまた多様で、淡水の資源のほか、トリなどの家禽、ブタなどがある。とくにニワトリはこの地域で生まれたものといってよいだろう。

この地域の農耕で忘れてはならないのが焼畑での農耕である。これは、温帯の照葉樹林から山地林にかけての森の地域に広がる生業と類似の形態で、山の木々を伐り、その灰などを肥料として農耕を行うもので、火入れによる耕地作りと休耕を基本とする。焼畑はよく、照葉樹林文化の要素のようにいわれるが、必ずしもそれだけではないようだ。むろん時代にもよるが、農耕開始直後の時代には、世界の各地で農耕の技術として火を使うことがあったものと考えられる。世界の焼畑農業の比較はこれからの研究テーマで、今の段階ではそのおこりも伝わりも、はっきりしたことがわかっているわけではない。

インドシナの熱帯山地林の焼畑では、開いた初年目から二、三年目にはモチ米を作り、その後は休耕させるのが一般的であった。休耕地は放置するが、そこからは多様な植物性の資源が手に入る。ただし、ここ二〇年ほどは、焼畑に対するいわれなき批難の影響もあり、また政府の勧奨政策もあって焼畑は急速に衰退しつつある。ある年の稲作を最後に、あとはチークやゴムの木を植えてしまうのである。

焼畑が行われているときには、この地域全体が、畑のように強い攪乱を加えられた土地から休耕後の年数を異にするさまざまなステージの森まで、入れ子のように混在し、山全体が高い生物多様性を維持してきた。そこに地形の多様性や、住む人びとの民族の多様性が加わり、地域全体がまるで生物と文化多様性のセンターであるかの様相を呈していた。しかし、焼畑の禁止は森の様相を一様化させ、生物相や文化の多様性をなくしてしまう可能性が大である。

インドシナの生業を考えるうえで、もうひとつ興味深い土地がベトナムであろう。ベトナムは、インドシナ半島の東岸に沿って南北に細長い国土を持つが、その北半分では海が東側に開いている。ここは、冬になると、大陸高気圧から吹き出す風が東風になって大陸にあたり雨を降らせる。海の水蒸気を含んだ湿った空気をもたらす日本海と同じ役割を南シナ海が果たし、沿岸部に雨を降らせる。つまりこの地は冬雨の地域になる。今でこそ灌漑が広まって二期作があたりまえになってはいるものの、以前からここはイネの冬季栽培をやっていた。

似た環境にあるのが、台湾《たいわん》北部とマレー半島のタイ側の東岸である。台湾北部はまた琉球《りゅうきゅう》列島とも類似で、完全な冬雨地域ではないが、冬にも雨がよく降る。沖縄はプロ野球のキャンプ地にもなるが、二月、三月はたしかに本土よりは暖かいが、連日の曇天で雨もよく降る。台湾島は小さな島と思われているが、気候の面ではかなり多様で、しかも東岸には深く高い山脈が走り、そこに住む人びとも特異な文化を持っている。こうしたことから、台湾は農耕や食のあり方についてずいぶん多様で興味深い土地柄である。

熱帯の多様性に支えられた雨緑林の生業

日本を出てバンコクに向かった飛行機は離陸後四、五時間でラオスのパクセ上空でメコン川を越えタイ上空に入る。入った先は東北部イーサンの南東部である。とくに日本の冬にあたる時期には付近には雲ひとつなく、赤茶けた大地が手に取るようにみえることが多い。稲刈りも終わり、土は乾き、ため池や水路の水は涸《か》れかけている。木々は葉を落とし、まるで枯れ木のようになっている。雨緑林である。

雨緑林は熱帯のなかでも雨季、乾季の別がはっきりとし、その乾季に落葉する樹種の森である。温帯では、落葉樹というと冬の寒さに適応して落葉するが（これを夏緑林と呼ぶ）、こちらの落葉樹林は、乾燥に適応して落葉する。そのため雨緑林と呼ばれる。

熱帯アジアのなかで、雨緑林帯はもっとも早くから開けた土地のひとつであった。乾季には、強い乾燥が一種の攪乱となって人間の侵入を容易にしていたということもあるのだろう。タイの東北部やベトナム北部にかけての地域は、今から三五〇〇年ほど前にドンソン文化が栄えたところである。朱色の土器や青銅器を持つ文化として知られているが、この時代、この地域にはすでに稲作があったことが知られている。またこの地域は地下に岩塩の層があり、それを利用した製塩の技術もあった。もっとも現在ではこの岩の層が悪さをし、農地に塩水が入って農作物を枯らす「塩のスポット」が出現して農家を困らせている。

このあたりは熱帯アジアでは早くから森林破壊が進んだところでもある。その理由のひとつが、土器の製造、銅の製錬、製塩などのために燃料が必要となり、森林が伐られたからともいわれる。人類が原始の森を伐り、再生した森を広範にわたって落葉樹林化し、それにより乾季の降水量をいっそう減らした可能性も否定はできない。いわば、人による環境改変の事例のひとつなのかもしれない。

この地域はまた、発酵食品のセンターでもある。日本でもよく知られるなれずしや魚醬がその代表であろうか。日本でいえば醬油にあたる魚醬は、今では小瓶に詰められ、家庭の食卓や屋台のテーブルのうえにおかれ、自分で味をととのえるようになっている。

魚醬は、獲れた魚に塩をして、甕《かめ》などで発酵させて作る発酵食品である。動物の細胞にあるタンパク質分解酵素の働きを巧みに利用して作るもので、塩が重要な役割を果たす。もし塩を利かせなければ、内臓を持ったままの魚などあっという間に腐ってしまう。塩を利かすことで腐敗を食い止め、酵素によってタンパク質をアミノ酸に分解し、うま味を作り出すのである。先に書いたように、食塩の存在が魚醬の生産を支えたが、食塩がなければ、海から遠く離れたインドシナ半島の中央部で魚醬を作るなど、およそ不可能なことであった。

ともかく、この地域は多様な魚醬の品種がみられる地域である。名称も国や地域によりさまざまである。タイには、ナムプラーといわれる魚醬があって、工業的にも生産されている。ベトナムでは、それはニョクマムの名で呼ばれる。そしてカンボディアのそれはタク・トレイなどと呼ばれている。魚醬は、この地域だけのものではない。日本にも類似の食品がある。秋田のしょっつる、能登《のと》のいしる、いしりなどがその代表的なものである。ほかにも、さまざまな魚で作る塩辛もまた、広い意味では魚醬の一種といってよい。古代ローマで作られていた「ガルム」も魚醬の一種である（第四章二一七頁参照）。

ところで、魚醬の醬は「ひしお」とも「じゃん」とも読む。醬《ひしお》はタンパク質を発酵させた調味料である。醬には、魚醬のほか、マメで作られる豆醬（醬油がこれにあたる）、動物の肉で作られる肉醬、マメ以外の植物で作られる草醬などがある。石毛直道《いしげなおみち》によると、発酵調味料は液体の醬と、豆豉《とうし》と呼ばれる固体の形態をとるものとに分けることが可能である。マメで作られるものでいえば、醬油が醬で、納豆が豆豉にあたると整理すればよいであろう。

ところで、先に熱帯の森はいろいろであると書いたが、イネの原種である野生イネの分布がこれらの森によって異なることはあまりいわれてこなかった。イネの直接の祖先、あるいはその近縁な種のうち、一年草の野生イネたちは、この森のゾーンの、池や湖の岸、さらには河川敷のような川沿いの低地によくみられる種である。

熱帯多雨林の生業——稲作の後発地帯

二〇〇四年一一月、わたしはボルネオ島東カリマンタンの野生イネの調査に出かけた。カリマンタンへの入り口として選んだのはバリックパパン。南東部の中心都市である。バリックパパンには、いくつかの理由から、シンガポール経由で入ることにした。シンガポールについた日、チャンギ空港は激しいにわか雨のやんだ直後だったらしく、滑走路は濡れていた。翌朝、バリックパパンに向かう飛行機も、厚い雲のなかを飛んだ。一度だけ眼下にカリマンタンの深い森らしき森影をみたが、それも一瞬のことだった。

熱帯の森の多くはこの熱帯雨林、つまり年中雨が降る環境下に広がる常緑の森である。熱帯多雨林は熱帯の森のなかでももっとも深く、また人にとっては近づきがたい森であると考えられてきた。それは一面では事実であるが、かといって、熱帯雨林が人の侵入を一切受け付けてこなかったかというとそうではない。南米アマゾンの熱帯雨林の地下の地層にも炭の層があり、それが過去における人間活動の結果だと考える研究者もいる。

アジアの熱帯多雨林でも、たとえばカリマンタンの熱帯林では、その東部を流れるマハカム川沿いの土地を中心にクタイ王国という王国が紀元五世紀までには成立していた。五世紀というと日本では古墳時代。熱帯雨林は相当に古くから人間を受け入れない森ではなかった。

もちろん熱帯雨林地域が農業地域になるのは、ずっと時代が下ってからのことになる。たとえばベトナム南部のメコンデルタは、川筋や、河口部より数十キロメートル上流の後背湿地帯を除き、一七世紀ころまでは熱帯多雨林と湿地が入りくんだ未開の地であったと考えられる。一八世紀に入ってからそこは開発され、水田や果樹園になってきた。上空からみれば相変わらず森に覆われてはいるが、その森はもはや原始の森などではない。熱帯は、生態的には豊かな土地である。小さな社会がその豊かな資源に依存してやってゆくのは、それほど難しいことではなかった。

この森にみられる野生イネは、多年生の種類である。そしてその多くはわたしたちのイネとは縁の遠い野生イネたちである。彼らは熱帯の森の暗い木陰でひっそりと暮らしている。当然大きな群落は作らず、みつけるのも難しい。もっとも森の周辺部などには、わたしたちのイネと近縁の、言い方を換えれば交配が可能な野生イネも生息している。おもしろいことに、彼らのDNAを調べるとジャポニカのイネに近い。多年生であるがゆえに、彼らはしばしば栄養繁殖し、穂はあまりつけない。穂をつけても種子は実らないことが多い。ジャポニカのイネは多年生の性格をとどめるが、遠い祖先はこうした多年生の野生イネだったのだろう。

浮稲の生業——熱帯版の「米と魚」

さて、ふたたびバンコク行きの飛行機に話を戻そう。わたしたちを乗せた飛行機は空港に向けて降下を始め、ベルト着用のサインが点灯するころ、眼下にみえるのは浮稲《うきいね》の田や住宅地や工場などである。平原を南北に平行に流れる幾本もの人工水路もみえている。周辺は今でこそ大都会の郊外の様相ではあるが、わたしがここに通いだした一九八〇年代にはまだ見渡す限りの田園の景観が広がっていた。

毎年秋ごろ、浮稲地帯は深いところでは数メートルもの深さの水で覆われている。水が一番深くなるのはだいたい一一月の上、中旬ころ。二〇一一年にバンコクを襲った大洪水も一一月上旬だった。洪水といっても日本の洪水のような、鉄砲水のような出水をいうのではない。数ヵ月をかけてゆっくり増水し、また一、二ヵ月をかけてゆっくりと引いてゆく、そんな「洪水」なのだ。二〇一一年のバンコク洪水の際浸水の被害に遭い、その後しばらく郊外の街に避難していた友人のソンクランさんがわたしにこう語ったことがある。

「なにしろ一夜のうちに水位が一メートルも上がったものだから、一階の荷物を二階に上げる暇もなかった」

通常、水位の上昇は平均して日に二、三センチメートルにとどまるこの地にしては、一夜に一メートルの水位上昇は異例の速さだったようである。

これらの土地は、雨季には水がたまっていたとしても、乾季には干上がり、からからに乾いてしまう。年中水がたまっているわけではない。一二月から一月に水が引くと、その後土地は乾く一方である。ちょうど乾季のこと、一滴の雨も降らない。翌年の四月末ころに雨季の走り雨がくるまで、土地は完全に乾ききる。走り雨が来ようという三〜四月ころ、種子を播く。はじめのうち、イネは乾燥の大地で生育する。しかしやがて雨季が来て雨が降り、さらに上流のほうから水があふれてきて、低いところから水がたまりだす。水位の上昇は先にも書いたように、日に二から三センチメートルくらいだ。

イネは増水に合わせて茎を伸ばし、その長さが最後には数メートルに達することもある。浮稲の名前のゆえんである。水がたまっている間、田にはさまざまな魚種の魚たちが生息する。また、この期間は通常、農作業をすることはないので、人びとの仕事といえば毎朝、田の一角においた筌《うけ》に魚がかかっているかどうかチェックするだけである。浮稲を作る人びとは、伝統的には雨季の湛水《たんすい》期には魚を獲り、またアヒルなどの水鳥を飼って暮らしてきた。魚は、また、縦横に張り巡らされた水路にもたくさん生息する。これらの水路にも人びとは筌を設け、魚を獲り、自家消費に回したり市場に出したりしている。イネと、魚はじめ水生の動物は浮稲の田を介してひとつの生態系をなし、食物連鎖でつながっている。

ただし、浮稲地帯が開かれ、人が住むようになったのは、先にも書いたようにごく最近のことである。バンコク平原でも、開発の歴史は比較的新しい。バンコク平原に展開したアユタヤ王朝（一四世紀中盤から一八世紀）ころになって開発されたという。つまり、これら広大な土地の水利がよく管理され稲作ができるようになるためには、社会が相当の生産性を持つようになることが必要だったのである。

これと似た環境は、メコン川のメコンデルタの後背湿地（ベトナム）、エーヤワディー川（イラワジ川。ミャンマー）、そしてガンジス川、ブラマプトラ川（インド、バングラデシュ）などにもみられる。そこでは、人びとの食は日本の南西部と同じく、糖質は米を中心とするデンプンから、タンパク質は魚をはじめとする天然資源から得る「米と魚」のパッケージに類する。魚は干したり塩蔵したり、または先にも書いたように発酵させて魚醬として食べられている。魚のほかにも、水鳥や昆虫などさまざまな動物たちが食べられる。

インド世界の生業

二つのインド観

ロシアの音楽家リムスキー＝コルサコフの歌劇「サトコ」に登場する「インドの歌」は、ゆっくりと道を練り歩くウシの姿を彷彿《ほうふつ》とさせる名曲である。その曲を聴くものは、行ったことのない人でも、悠久の時間が流れるインド世界を頭のなかに描き出すのである。わたしたちは、インド社会を頭のなかで一様な社会に描きがちである。ヒンドゥーの国、数学の国、哲学の国などなどと。同時にインド世界では、そこに住む人びとは肉食を嫌い、菜食主義に徹している。こうしたインド観は、いってみれば主体的インド観といえるだろう。

しかし、こうしたインド観はインドという土地の生きた姿を忠実に伝えているとはいいがたい。インドのムンダ族という少数民族の調査を長く続けてきた長田俊樹《おさだとしき》は、実際のインド社会はじつに多様な社会であるという。ムンダの人びとの暮らしや生業は、いわゆるインド世界のそれとは大きく異なる。ムンダだけではない。レプチャの人びとが多く住むヒマラヤ南麓のシッキムの稲作は、日本や中国のそれとよく似ている。いっぽうでガンジス流域の稲作の風景は、同じ稲作地帯とはいっても、日本や中国のそれとは大きく異なる。さらに、多民族が住むアッサムは地域のなかにも多様性がある。地図に描かれたインドという地域をみれば、そこは多様性の土地である。民族しかり、言語しかり、そして宗教しかり。東部では年間降水量が二〇〇〇ミリメートルを超える地域があって稲作が盛んなのに、西部では四〇〇ミリメートルにも達せず、コムギを作ることさえできない。インドをこうした多様な世界とみるみかたはいわば客体的インド観である。

そして今のインドは、たとえば「タタ」自動車の台頭に象徴されるように、急激な経済発展を遂げつつある国でもある。同国の人口は二〇一一年時点でおよそ一二億少し。一人っ子政策を採りつづけてきた中国を間もなく追い越すだろうという推計もある。実体としてのインドは、カースト制の存在やさまざまな障害にもかかわらず、二一世紀には飛躍的な発展を遂げるかもしれない。

インド社会はなぜ肉食を避けてきたか

それでも主体的インド観は有益である。インドを中心に広がるヒンドゥー教やジャイナ教を信ずる人びとは、その多くが肉食しない人びと、つまり菜食主義者（ベジタリアン）である。ベジタリアンが暮らす世界――それがインド世界である。むろん、ベジタリアンにもさまざまなレベルのベジタリアンがある。およそ肉食をすべて排除するベジタリアン、卵を食べるのは許容するベジタリアン。そして肉食をすべて排除するベジタリアンには、タマネギなど根菜をも排除する徹底したベジタリアンがいるという。収穫のときに、土のなかにいる虫を殺すかもしれないからだという。つまり、ベジタリアンにも多様性がある。

しかし、インド世界では人びとはどうして肉食を禁忌してきたのか。インド世界の菜食主義は、飽食の現代に生きる人びとの健康志向に支えられた菜食主義などとはまったく異なる。そこでは相当の昔から——おそらくは今から二〇〇〇年以上も前から——肉食が避けられてきた。背景にあるのはアヒンサー（不殺生）というヒンドゥーの思想であると森本達雄《もりもとたつお》は書いている（『ヒンドゥー教』）。

肉食をタブー視するアヒンサーの思想は、森本によると、ヒンドゥー以前、仏教やジャイナ教からきている。このころのインド世界はすでに人口が過密だったのであろう。肉食は、過ぎると環境に対する負荷が大きくなる。こうした生態的条件を背景として、肉食への禁忌というかたちで共生の思想が広まっていったようである。ただしウシへの崇拝の実態をみれば明らかなように、生態系が家畜の飼養まで困難にするほどパンク寸前だったわけではないようだ。もし、人間以外の動物たる家畜に食料を与える余裕がないほど社会が困窮していたのなら、なにもしない動物たちをただ生かしておくようなことをその社会は許さなかっただろう。ウシへの崇拝は、ウシを生かすだけの余力が生態系にはあったことを意味しているし、しかしかといって、そのウシをどんどん飼養して数を増やし、ビーフステーキに舌鼓を打つほどの余力が社会にはなかったということを意味しているのだろう。

ともかく、インド世界は食に関してはきわめて禁欲的な世界であり、そのことを、ヒンドゥー教はじめ、インドにおこったいくつもの宗教の戒律により担保している世界であるといえる。人びとの行動を、法律や規則によってではなく、また、「不健康」「肥満」という語を、まるで脅迫するかのようにちらつかせる商業主義に侵された「医療」によってではなく、宗教とそれによる倫理観によって規制する――そういうしくみで成り立ってきたのがインドの菜食主義の実態だといえるであろう。ただし、そうはいっても、本音の部分では肉食を肯定する人びとは少なからずいるようだ。最近ではヒンドゥー教徒でもマトンやチキンは口にすることがあるという。

ミルクの摂取は多くのヒンドゥー教徒に受け入れられている。若いころ知り合ったあるヒンドゥー教徒に、「ミルクは（家畜の）体外に排出されたもので、殺生にはあたらない」から、と説明され、なるほどうまくいうものだと感心したことを思い出す。同じ理由で、鶏卵もよいと考える人たちや、受精卵はまずいが無精卵ならばよいと考える人たちもいる。本音と建て前の違いを含め、「菜食主義」には、その厳格さにおいても多様性がある。

インド世界はマメ世界

肉食しないでタンパク質を得るにはどうすればよいか。ひとつはミルクである。これについては次項で述べる。しかし、インドのとくに貧しい人びとのタンパクを供給してきたのは主にマメ科の作物であったといえる。植物とはいえ生物なのであるから、穀類にもタンパクは少量ながら含まれる。米にもタンパク質はあるので、多量に食べれば必要量のタンパク質が摂れるという研究者もいる。穀類のなかで例外的に高タンパクなのがコムギである。コムギには硬質コムギと軟質コムギという二つの種類があるが、硬質コムギはなおいっそう高タンパクである。しかし、コムギを例外として、他の穀類は、それから十分なタンパク質を摂《と》れるほどタンパク質を持ってはいない。またコムギの場合も、タンパク質の組成にやや問題があり――タンパク質を構成する二〇種のアミノ酸のうち、リジンという必須アミノ酸の含量が低い――コムギだけから問題なくタンパク質を得ることはできない。

いっぽう、マメ類のなかには高タンパクのものが結構ある。ダイズはその典型で、「畑の肉」と呼ばれるほどに高タンパクである。ダイズの主要生産国は現在ではブラジルとアルゼンチン、それに米国だが（FAOによると、これら三ヵ国の生産量は世界の生産量の八二パーセントに及ぶ）、かつては日本を含む東アジア、東南アジアがダイズの主要な生産地でもあり消費地でもあった。

インドでも、アッサムへの入り口にあたるバグドグラの街からシッキムに向けて進む道みち、ゆるやかな傾斜地に広がる棚田の一帯に、ダイズを畔豆のように栽培する地域がある。田にはイネが植えられ、場所を告げられなければ、まるで日本の一地方にいるかのような錯覚を覚えるところである。シッキムのレプチャ語は、かつて安田徳太郎《やすだとくたろう》によって日本語の祖語のひとつであるかのようにいわれ、また日本人の祖先はここから来たかのように語られたことでよく知られる。今では安田説を信じる研究者はほとんどいないが、安田をしてそう思わせただけの景観が、今もたしかに、この地には残っている。

話が脱線してしまったが、マメ類のなかにはこのダイズのほかにも高タンパクなものがいくつも知られる。マメ類は高タンパクだから肉の代用になったのか、マメ類の多様性が菜食主義を支えたのか、つまりどちらがニワトリでどちらが卵であるかはわからないが、種々のマメ類の生産量ではインドが他を圧倒している。つまりインド世界では豆がタンパク質の供給源として重要な役割を果たしている。古くから人口密度が高く土地の多くが耕地として使われてきたインドでは、肉食が環境負荷を高めることを社会は知っていた。その経験知が、社会が肉食を禁忌する文化を生んだのではないかと考えることもできる。

インド南部では、豆と雑穀の混植が広く行われている。高知大学名誉教授の前田和美《まえだかずみ》によれば、雑穀（穀類）とマメとは、同じ畑に栽培されることがしばしばある。先に播種された穀類は、あとから播かれるマメの支柱の役割を果たす。つる性で、どこまでも伸びてゆく性質を持つマメ類（「ジャックと豆の木」を思い出してもらいたい）は、支柱を得ることで、空間をうまく利用して旺盛《おうせい》に育つ。マメ科植物の多くのものは、窒素固定という、大気中の窒素を植物が利用可能な肥料分に変える能力を持つ。この肥料分が支柱たる穀類にも分配される。穀類とマメ類の間に共存共栄の関係があるというのが、前田の仮説のあらましである。

マメ類と穀類の関係は、インド世界の食にも登場する。インドの多様なマメ料理がそれで、たとえばマメのカレーは、食卓における米と豆のパッケージになっている。この豆カレーのダルだが、これについて先出の長田によると、ムング豆（リョクトウ）、ウラド豆（ケツルアズキ）などを挽いて水で固め、乾燥させてカレーにするのだそうだ。長田はこれを食べて、「食感としては肉を食べているようで、これがベジタリアンの肉だと感じた」といっている。

乳社会としてのインド

インド、とくにその西部では、農耕民と牧畜民が同一地域に住み、共に生業を営んでいる。帯広《おびひろ》畜産大学の平田《ひらた》昌弘《まさひろ》は、「農耕民の畑の脇で、牧畜民がヒツジ・ヤギの群れを放牧していたりする風景をよく目にする」といっている。平田によると、インドは、ウシとスイギュウの生乳生産量が世界一だという。インド社会は、じつはミルク社会でもあるのだ。

インド社会のミルク利用といえば、まっさきに思い起こすのがミルクティーだろうか。これは第五章のテーマである農耕文化と遊牧文化の融合の産物とも捉えられるが、同時にまた、平田がいう農耕民と牧畜民の同所的な暮らしの産物でもある。そして、遊牧文化のミルクの利用は発酵という技術に伴って生まれたチーズや酸乳（ここではヨーグルトを含めてこのように書く）のかたちをとるものが圧倒的だが、インド社会にはミルクティーのような生乳のままの利用も多くみられる。そしてその主な理由は、インドのウシ（セブウシ）やスイギュウは発情期がはっきりせず、そのため年中妊娠、出産が可能で、したがって年間を通じて搾乳ができるからだと平田は書いている。ほかにも、インドの牧畜文化は定着性が高く——だからこそ農耕文化との親和性が高くなるのだが——このこともまた繁殖期をフレキシブルにしているのだろう。つまり生乳が年間を通じて手に入り、そのために生乳文化が古くから育つ素地があったというのである。そういえば、ミルクティーに季節性があるとも思われない。

発酵食品としてのミルク製品を製造する過程では、ミルクはまず乳酸菌で発酵させて酸乳というヨーグルト様の食品になる。これはそのままでも食べられるが、これからバターができる。ここまでは西アジアに発祥したといわれるミルク利用の系列で（第四章一六六頁参照）、だからインドのミルク文化は西アジアからメソポタミアを通って伝わってきたと平田は考えている。バターからはギーと呼ばれるインド固有のオイルが作られる。いっぽう、バターを採った残渣《ざんさ》からは他の牧畜社会ではチーズが作られるが、インド社会にはこの経路はない。これは調理に使われるのみという。つまりミルクのタンパク質は加工に回されないのだ。平田はその理由を生乳がいつも供給されるからではないかと考えている。

このようにインド社会は糖質は米、コムギを含む多彩な穀類によって、またタンパク質はミルクと豆によって補うシステムをとってきた。そしてそれは、肉食しないという、生態系に負荷をかけないシステムとして秀逸であった。ただし、同じインドといっても、北西部の乾燥がかった地域と南東部の湿潤な地域とでは生業のスタイルは当然に異なる。「鳥の目」の視点でいえば、そこは夏穀類地帯から麦農耕地帯への移行帯である。かつて梅棹忠夫《うめさおただお》はこの地を、

「東洋」でも「西洋」でもない、「中洋」と呼んだが、それも道理というべきである。

第四章　麦農耕ゾーンの生業

麦農耕とはなにか

ユーラシアの西半分を眺める

改めてユーラシアの人工衛星画像を眺めてみよう。前章で扱ったアジア夏穀類農耕ゾーンの西側には乾燥した大地が広がっている。植生がないので、むきだしの大地の表情が衛星画像にもストレートに表れている。天山山脈や崑崙《こんろん》山脈などの峻立《しゅんりつ》する山々に囲まれたタリム盆地、そこに展開するタクラマカン砂漠、パキスタンからイランにかけてのヒンドゥークシュ山脈やザグロス山脈の巨大な土地の褶曲など、地表面に刻まれた襞《ひだ》が手に取るようにわかる。地表がこんなにもでこぼこでしわだらけなのに改めて驚いたという方も少なからずおられることだろう。

湿った空気が内陸まで入るところは別として、海洋から来る水は大陸の中心部にはなかなか届かない。したがって大陸の中央部は極度に乾燥する。とくにユーラシアの真ん中には高い山々が累々と連なり、水分はその山々を越えて風下に達することがない。あっても手前の乾いた大地に吸い取られ、乾いた空気だけが山の向こうの風下に伝わる。そのために土地は乾き、植生は発達しないかそもそも成り立たない。そこで宇宙からみても土地全体が黄色っぽくみえるのである。この地域をイエローベルトと呼んだ人がいるが、それも道理ではある。

作物の栽培にはある程度の量の水が必要である。必要な水の量は作物によって異なるが、たとえばコムギでは年間四〇〇ミリメートル程度の降水が必要とされる。この値は他のムギではさらに低くなる。しかし、イエローベルトの広い地域では、年間の降水量が二〇〇ミリメートルにも達しないところも多い。砂漠の中心部では、年降水量が二〇ミリメートルなどというところもめずらしくない。

降水量が少ないとはいうものの、まったく水がないわけではない。わたしはかつて、タクラマカン砂漠の東の縁あたりを歩いたことがあるが、草木一本も生えていないいわゆる砂漠のなかに、水をせき止めるかのような堤防があちこちに築かれているのをみて不思議に思ったことがある。土地の人に聞いてみると、何年かに一度、遠くの山から雪解け水がどっと押し寄せて水浸しになったり、ひどいときには砂漠のなかを走る砂漠公路の道床が流されたりするのだという。堤防は、それを食い止めるためのものとのことであった。

タクラマカンの東の縁あたりでは、意外にも、地下のそれほど深くないところに、比較的安定的に水があるらしい。衛星画像には、水の流れたあとがはっきりと映し出されている。砂漠を歩いてみると砂山と砂山の間の低くなったところにヨシの小さな群落ができていたり、砂山のないところでも、コヨウと呼ばれるポプラ属に属する樹木の林があったりもする。むろん、大勢は、死の大地であることに変わりはなく、車で走れども走れども、それこそ一本の草もみないような景観が延々と続いているところが多いが、どうやらそれは地表面だけのことらしい。

オアシスと草原地帯の生業

それが証拠に、砂漠のなかには、草木が生い茂り農耕ができるような場所がある。オアシスがそれである。人工衛星の画像でも、緑色をした小さなしみのような点々が、黄色い大地のそこここにみえている。大きなオアシスにはオアシス農耕も成立した。またそこは交易の拠点として都市に成長し、遊牧民と農耕民、その他さまざまな人びとが交易の拠点にしたりしていた。西南アジアからアフリカにかけてのオアシスでは、ナツメヤシが人びとのいのちを支えていた。農耕は、オアシスを飛び石のように、西から東へ、また東から西へと伝播したのだろう。

オアシスの寿命はいろいろだ。大きなオアシスでは、たとえばトルファンのように二〇〇〇年もの歴史を持つものもある。むろんもっと短命なオアシスも少なくない。また、二〇〇〇年持続したからといって次の二〇〇〇年もオアシスとして存続するという保証はどこにもない。

楼蘭《ろうらん》は紀元前四〇〇年ころ、都市国家として突如歴史に登場し、その後数百年間繁栄するが、その後消滅してしまった。今そこは砂漠にうずもれ往時の面影はなにもない。

オアシスの消長には、自然条件ばかりでなく人間のさまざまな行為、活動が深く関係している。先の楼蘭の消失には、おそらくタクラマカン砂漠を西から東へと流れるタリム川流域の人間活動が深く関係している。中国内《うち》モンゴル自治区の黒河《こくか》もそうだ。中尾正義によると黒河の上、中流での活発な人間活動によって下流に流れる水の流量が減り、下流部にいた遊牧民たちの生業を圧迫し、さらに最下流にあった居延沢《きょえんたく》という湖を消失させたりもした。

オアシスやオアシス農耕を不安定にさせるもうひとつの大きな理由が塩害である。中央アジアはじめ乾燥地帯には塩分濃度の高い湖――塩湖――が多数存在する。かつて海だったところが陸化したこの地域では、海水に含まれていた塩分が地下に岩床のようにたまっている。その一部は露頭し、人びとや動物たちの塩分の補給場になっている。水場ならぬ塩場である。こういう土地で、灌漑のために水路をひいたりすると、水に含まれている塩分が長い時間のうちに耕地の表面に堆積したり、または灌漑水が地下の岩床に達して塩水となり、それが毛細管現象で地上に達してそこに堆積する。いったん塩害を生じた土地はなかなか元には戻らず、結局長く植生のない土地へと変貌《へんぼう》してしまう。人間社会が、灌漑―塩害による土地の放棄を繰り返すことで、地域全体の塩害が悪化したケースはいっぱいある。

砂漠の周辺には、もう少し湿った土地が広がる。それが草原地帯――ステップのゾーンである。樹木が生い茂るほどの降水量はないが、かといって草一本生えないほど乾燥が厳しいわけでもない。ただし穀類を育てるには雨量が足りない。こうした草原地帯が、東はモンゴル高原から西はカスピ海や黒海の沿岸にまで広がる。この草原地帯もまた、イエローベルトに含めて考えたい。

人工衛星画像ではイエローベルトの西方には緑色のエリアが広がっている。ユーラシアの東西の端には植生があるのである。だが、大陸の東の緑と西の緑とでは、それらを支える降水の量やパターンに大きな違いがある。東のほうは、例外的な地域を除いて夏雨地帯である。いっぽう、西のほうは冬雨地帯である。そして総降水量も概して東のほうが多い。

この降水パターンの違いは、とくに草本の種類には決定的に大きな影響を及ぼす。夏雨地帯では、草本類は、春に発芽して夏に育ち、秋に種子をつける。冬雨地帯では反対で、草本たちは秋に発芽して冬に育ち、春に種子をつけるのである。ムギは、この冬雨地帯に生まれ、そこで育った穀類である。

麦とミルクのパッケージ

このエリアの社会に共通する食料生産システムの現在の特徴は、畑で作られるムギ類、マメ類やジャガイモと、ヒツジなどの家畜の牧畜が組み合わされてきたところである。もちろん漁撈も行われてきたし、また高緯度地帯では今も狩猟の生業が残っている。ジャガイモは南米原産でユーラシアへの渡来は一六世紀になってからのことだが、この一万年間で欧州の人びとの食を大きく変えたのが、このジャガイモの渡来といってよいだろう。家畜を飼うといえば肉食を連想するが、遊牧の経済あるいは遊牧民の思想や生活習慣からいえば、肉への依存度はわたしたちが考えるほど高くはない。肉食のために家畜をいちいち殺すだけの経済的な余裕などないところが多かったのである。むしろ、出産直後のメスの個体からとれるミルクをうまく使った食のスタイルが、このエリア全域を通じて主でありつづけてきた。

植物質と動物質の食材の割合、糖質のなかでの作物の割合は地域により大きく異なる。また、動物質の食材についても、その動物種は地域により違う。ユーラシアには、ヒツジ、ヤギ、ウシ、ウマ、ラクダの五種が分布するが、アラブ社会ではラクダのウェイトが圧倒的に高くなる。アフリカではウシが断然多く、他は少ない。また遊牧のスタイルをとるところもあれば、農耕と組み合わさった牧畜のスタイルをとるところもある。このように生産システムについてのバリエーションは、地域を越えてきわめて大きい。

いずれにしてもこの地域では、人びとの食を形作っているのが、さまざまな穀類と家畜の組み合わせであるといえるだろう。そこで本書ではこのパッケージを「麦とミルクのパッケージ」と呼ぶことにしたい。麦とミルクのパッケージにはいくつかのバリエーションがある。北欧やイングランドの一部では、麦に代わりジャガイモが大きな役割を果たした。またミルクも、場合によっては肉がその代わりをする。

この「麦とミルクのパッケージ」と先の米と魚のパッケージとの大きな違いは何だろうか。むろんいろいろな点で両者は異なるが、ここでとくに強調しておきたいのが、動物質の食材の違い、生産の方法や生産にかかわる社会システム、さらには考え方の違いである。米と魚のパッケージでは、動物性の食材の多くが魚などの天然資源であるのに対して、麦とミルクのパッケージでは、その主要な部分が家畜という「人が作った動物」という点である。つまり、前者は狩猟という生業を食のシステムに組み入れたのに対して、後者は狩猟・採集とは距離をおくシステムである。後者のこの考え方を裏打ちしてきたのが、たとえば、「家畜は神が人に与えたもの」というキリスト教の思想である。ユダヤ教やイスラム教の食文化に通底するのは、広範な野生動物の摂食に対する躊躇《ちゅうちょ》、ないしはタブー感である。植物質の食材についても同じで、タブーこそみられないものの、野生植物の序列がずいぶんと低い。森山軍治郎《もりやまぐんじろう》はフランスにおけるクリ食について詳細な研究を行い、半栽培の状態にあったクリの序列の低さを指摘している。日本はじめ、夏穀類農耕ゾーンにおける天然ものへの憧《あこが》れとはまったく違う思想構造がそこにはみてとれるのである。

遊牧という生業

遊牧とはなにか

本書では、遊牧を、狩猟と採集、農耕と並ぶ三つの生業のひとつと捉えている。しかし、なぜ牧畜ではなく遊牧なのかという疑問を持つ読者も多いと思う。たしかに現代では、人類の動物性タンパク質の主たる供給源は、漁業や養鶏業を別とすれば牧畜業である。経済的な位置から考えても、現在の遊牧は舎飼いの家畜を飼養する牧畜にはるかに及ばないだろう。しかし、現代の牧畜は、ウシやヒツジなど遊牧由来の家畜を扱う場合でも農業に依存した形態をとっている。家畜の飼料の大きな部分を、トウモロコシなどの穀類や牧草畑の牧草に頼っているからである。つまり、今の牧畜業は、農業に完全依存している。さらに歴史をみると遊牧が人類史に及ぼした影響はとてつもなく大きい。そこで本章ではまず、「麦とミルクのゾーン」に広くみられる遊牧について改めて書いておきたい。

世界には少数ながら、決まった場所に住居を構えて生活するのではなく、家畜の群れを追いながら暮らす人びとがいる。遊牧民である。遊牧民たちは、草を食べさせて家畜を飼うということの性格上、土地を転々と動くことを強いられる。遊牧民は家畜たちに草原の草という餌を与え、その生殖を管理し、その結果として自分たちの家畜の群れを大きくすることに最大限の努力を払う。

遊牧の対象となる家畜は、ヒツジ、ヤギ、ウシなど大型の哺乳類で大きな群れをなして暮らす家畜（群れ家畜）たちで、人びとはそのミルク、肉、毛皮、骨などを利用して暮らしをたてる。そして、ひとところに長くいつくのではなく、家畜たちの餌となる草などを求めて移動する。

家畜の種類は、栽培される作物に比べるとはるかに少ない。ジャレド・ダイアモンドは、世界にある家畜のうち一四種を、「由緒ある一四種」として挙げている（五五頁参照）。このほとんどが草食動物たちである。そして遊牧に使われる家畜はこれよりもさらに少なくなる。遊牧に使われるのは、大きな群れを作る習性のある家畜、つまり先に書いた群れ家畜を中心とする九種が主なものである。九種のうちヒツジ、ヤギ、ウシ、ウマ、ラクダ、トナカイ、ヤクはユーラシア大陸の起源、そしてリャマ、アルパカの二種が新大陸起源である。家畜となった動物は長い時間をかけて手なずけられてきたわけだから、その作業は人間の世代を越えて行われた。祖父から父へ、そして父から息子へ、あるいは祖母から母へ、そして母から娘へと、知識や技術が伝わった。つまり家畜を飼う行為は社会的行為であり、文化である。

世界にはいくつもの異なる遊牧文化がある。そしてそれらの間には、地域や飼育される家畜の種類ばかりか、その飼い方に至るまでさまざまな違いがある。世界的な人口の増加やグローバル化、さらに中央アジアではかつて中央アジアを領土としていた旧ソ連の国家政策とその崩壊などにより、今では遊牧民の人口も、その生活の場も、大きく制約されてきている。かつて農耕文化とともに世界の二大生業体系を誇った遊牧文化は、いまや絶滅のふちに立たされている。

中央アジアの遊牧文化は世界史上、ひとつの強固な軍事的、政治的固まりとして、他の生業とくに農業に影響を与えてきた。ウマを手なずけてそれに乗るという騎馬、騎乗の技術と文化が成立してからは、この性質はいっそう際立った。騎馬による軍事的な優位性がなければ、低い人口密度しか支えることができない遊牧社会を農耕社会に伍《ご》して維持するのは相当に困難であったことだろう。しかし遊牧文化が、遊牧文明と呼ばれるまでの力を得たことが、農耕社会の結束を強めるという結果を招いた。農耕社会が力を強めて、文明を築き上げ、さらにその版図を拡大することができた背景には遊牧文化の存在があったのである。

遊牧と狩猟とはしばしば混同されるが、それは明らかに誤解である。両者は互いに異なる。まず何より、遊牧民が持っている動物は家畜である。それは彼らとその祖先が長い時間をかけて手なずけてきた動物の群れである。家畜の群れはもはや人の庇護なしには生きてゆくことができない。彼らが草食動物だからというのでは必ずしもない。それは、作物が人の庇護なしに生きてゆくことができない植物だ、というのとまったく同じことである。家畜は、それを飼う人びと固有の財産である。

いっぽう狩猟民は、「家畜」という動物群を相手にするわけではない。彼らの対象はあくまで野生の動物である。作物に対する野生種と同じように、ヒツジにも、ウシにも、ウマにも、ラクダにも、野生種がいた。ほかにも、家畜になることのなかった野生動物がいた。ガゼルやシカ、北米のバッファローや、セイウチ、アシカなどの海獣などがそれにあたる。むろん狩猟・採集文化にも世代を越えた技術や道具、思想などの伝達はあった。だからそれも社会的行為でありかつ文化である。わたしたちは彼らがいろいろな面で現代人に比べて劣った人びとで、彼らの文化が劣った文化であるかのように考えがちである。しかし、世界の各地に残る過去の狩猟・採集民たちが描いた壁画などのすばらしさには目を見張るものが少なくない。農耕や遊牧と、狩猟のどちらが優れているとか、劣っているなどという比較は適当ではない。

遊牧のおこり

ところで遊牧という生業はいつ、どのようにしておこったのか。これには大きく二つの仮説がある。ひとつは、それが狩猟という生業から分かれてきたというものである。なるほど、遊牧は動物の群れを管理する生業なので、野生動物を手なずけて家畜にしたと考えるのは合理性がありそうだ。国立民族学博物館名誉教授の松原正毅《まつばらまさたけ》は、「（遊牧が）本来的に移動する動物群を狩猟対象として追尾したところに起源している」（『ユーラシア草原からのメッセージ』）と述べて、この考えを支持している。

しかし現実の問題として考えると、野生動物を手なずけて家畜にするのはそれほど簡単なことではなさそうだ。野生動物は足が速い。わなを仕掛けたり矢を射かけて群れの何頭かを殺して捕まえることはできても、生け捕りにするのは相当にたいへんである。なにしろヒトは運動能力という面では、哺乳動物としては相当にのろまな類《たぐい》に属するのだから。

さらに、仔を産ませ集団を維持するのはもっとたいへんなことである。仔を産ませるには、若い個体を、つがいで捕まえることが必要になる。仮につがいで捕まえることができても、群れを維持しようと思えば常に新しい血を入れてやる必要がある。しかも、飼育するとなると、彼らにも食べさせる必要がある。狩猟や採集に明け暮れていた人びとにとって、家畜に回すだけの余計な食料があったとは思えない。草原があれば家畜は食えただろうが、しかし草原地帯はヒトが食べる穀類の生産には不向きである。

こうした理由から、最近では、遊牧が狩猟起源ではなく農耕から派生したという考え方が強くなってきている。西アジアの先土器新石器時代（PPN）の遺跡からは、さまざまなムギやマメの種子のほか、ヒツジやヤギなどの家畜、ガゼルなど野生動物の骨がたくさん出土する。おそらく、人びとの食の形態は、ムギから糖質を、動物の肉などからタンパク質を得ていたのだろうと思われる。だが、動物の骨のうち、家畜と考えられるヒツジやヤギの骨が増えるのは、PPN期の中後半、PPNBと呼ばれる時期のさらに後半になってからのことである。麦農耕はこれに先だち、PPNB期にはすでに始まっていたと考えられることから、家畜を飼う生業よりも、ムギを栽培する麦農耕のほうがわずかに早く始まっていたことが考えられる。遊牧が農耕から分かれたと考える根拠のひとつはここにある。

ムギなど穀類の栽培と家畜の飼養とは、ある意味で利益相反している。家畜の群れが、人間の食料としてのムギの草を食べてしまうからである。両者を併存させようと思えば、家畜の動きを柵《さく》かなにかでコントロールしなければならない。二つの生業は、ゆくゆくは分かれゆく運命にあった。こうしたなか、西アジアで、家畜の餌となる草原が何らかの理由で少なくなってきたとき、家畜を飼う一群の人びとが、集落を離れて移動するようになった。これが遊牧のおこりではないかというわけだ。

ただし、先に挙げた松原も指摘しているように、飼育の前提となる動物の生態の理解は、野生動物の狩猟やかかわりによって培われたものである。さらに、トナカイのように野生種が残存している家畜では、今も、野生種と家畜種との間に交流がある。国立民族学博物館の佐々木《ささき》史郎《しろう》によると、野生のトナカイが、家畜のトナカイの個体を多量に「連れ去る」ようなこともおきるという。また遊牧民たちは、一八世紀の末ころまでは家畜としてのトナカイの肉は自らは食べず、野生の個体を獲ってその肉を食べていたという。人間、野生のトナカイ、家畜としてのトナカイのこうした関係をみていると、遊牧の起源を狩猟に求めるのはごく自然なことのようにも思われる。

結論として、遊牧の起源は、どうやら地域や飼育する家畜種によっても異なるようで、一律の答えを出すことはできないのかもしれない。また後述するように、農耕と遊牧の両者には相互依存性があり、ある意味では、両者のどちらが先でどちらが後かという問いは、ニワトリが先か卵が先かの議論にも似てそれほど本質的な問いではない、ともいえそうである。

遊牧を支えた技術――搾乳

遊牧がひとつの生業として成立するためには、いくつかの技術開発が必要であった。そのひとつがミルクの利用である。動物の群れを管理するとはいっても、家畜たちをいちいち殺して食べてしまったのでは群れの頭数を増やすことができない。しかも、ウシやウマなど大型の群れ家畜の場合には、一度の出産によって得られる仔の数はそれほど多くない。だから、肉をどんどん食べていたのでは群れの個体数はすぐに減ってしまう。しかも大型の個体を殺すと一度に大量の肉が出る。人口密度の低い遊牧社会にあっては、大量の肉が一度に出ても消費しきれない。

そこで、ミルクを利用する、搾乳という手法が発明された。ミルクを利用するためには、妊娠したメスを確保する必要がある。そして仔が生まれてしばらくすると、仔と母親を分離する。それによって、母親のミルクをいわば「横取り」するのである。人類は、この搾乳という技術を手にしたことによって、動物の個体を犠牲にすることなく、ミルクを手に入れた。そしてそれからさまざまなエネルギーを得るということを覚えることになる。ミルクの利用にあっては、なんといっても家畜の個体という動産そのものを消費してしまわなくても済むという利点がある。ただし動物は種によって発情期がだいたい決まっているので、出産の時期も必然的に決まってくる。そうすると端境期には食料供給に事欠く。ミルクを主たるタンパク源として利用する場合、年中供給できるシステムを作るか、つまり出産が年中おきるようにするか、またはミルクを長期にわたって保存する方法を開発する必要があった。しかし、前者は、移動という建て前からはなかなか困難である。また、後者のミルクの加工と保存には、一連の操作が必要となる。中尾佐助は、この一連の操作のことを「系列」と呼んでいる。

帯広畜産大学の平田昌弘によると、搾乳とミルクの利用の技術は、西アジアで始まった。つまり、搾乳という技術は、遊牧のおこりと同時にかつ一元的に始まったと考えられる。やはりミルクの利用は遊牧の基本にかかわる技術なのである。

人類はミルクからも酒を造った。馬乳酒は、その名のとおり、ウマのミルクで作られる酒である。酒とはいっても、それほどのアルコール濃度はない。さまざまなデータをみても、一パーセントから高くても三パーセントくらい。もっとも、三パーセントもあれば十分に酔うわけだから、それが立派な酒であることに変わりはない。

ウマは繁殖期が限られるので、馬乳酒にも強い季節性がある。「旬《しゅん》」があるのだ。馬乳酒の旬は、六月から八月ころ。馬乳酒を飲んでみるとさほど強いアルコールを感じないがさっぱりとした酸味と清涼感があり、やみつきになりそうな味であった。馬乳はミネラルに富むばかりか、また乳糖にも富むので、ある意味で完全食品であるといわれる。つまり、極端なことをいえば、馬乳さえあれば他のものがなくともヒトは生きながらえることができるというわけだ。そのため、モンゴルの成人男性のなかにはこの季節、毎日数リットルもの馬乳酒を飲む人もいるという。馬乳酒はもちろん醸造酒のカテゴリーに入るが、これを蒸留した蒸留酒もある。元のアルコール濃度が低いので、蒸留の作業は、二回は行うという。こちらは保存が効き、季節外でも飲むことができる。ただし遊牧民たちが日々これを飲む習慣はないという。

遊牧成立のもういくつかの要件

遊牧がその効率を高め、生業としての確たる地位を確保するために必要であったもうひとつの技術が去勢である。動物の場合、とくに大型の家畜の場合には、オスの個体は気が荒いうえに身体も大きくて力が強く、その行動をコントロールしにくい。しかも生殖管理の都合からいうと、群れのなかにオスの個体がたくさんいる必要はない。ある一定の数のオスの個体がいれば、集団の維持、つまり次世代の育成には十分である。しかも、繁殖用のオスをうまく選抜することによって、集団全体の遺伝的な性質を少しはコントロールできるようになる。そこで人類は、オスの個体の一部だけを繁殖用として残し、他のオス個体は去勢して肉用にすることを覚えたのである。

さらに、オスの個体を少数に限ることで、集団全体の繁殖時期をコントロールできるようになった。繁殖を自然にまかせると、出産の時期にばらつきが出る。それでは何かと具合が悪い。

そこで繁殖用に残されたオスの個体の性器を、計画した時期が来るまでしばっておく。こうすることで出産、繁殖の時期を人為的にコントロールするのである。出産時期のコントロールはそのまま搾乳時期のコントロールにもつながる。二つの技術はあいまって遊牧という生業の成立、展開におおいに役に立った。

第三の要件は、イヌとウマの活用であった。彼らは人間よりも早く移動することができる。何百という数の個体の群れを手なずけて管理するのは、並大抵のことではない。そこでウマのように大型で、かつ力も強く、そして移動のスピードが早い動物を手なずけることが重要であった。イヌはウマほど身体が大きくなく、またスピードも力もないが、人間の意図を理解できるため家畜の群れのコントロールには大きな力を発揮した。じじつイヌの家畜化は非常に古い。イヌとウマが家畜化できたから遊牧という生業が成り立ったともいえる。

ウマの家畜化によって、騎乗、つまりウマに乗って長距離を移動することができるようになった。これによって、分散している遊牧集団のネットワークが大きく広がった。ウマを乗り継げば、一ヵ月に一〇〇〇キロメートルの移動も不可能ではなくなった。遊牧民の集団が力を増し、大きな政治的な力を得てからは、騎乗は騎馬軍団を生み、世界で最強の軍事力を作り上げた。これが世界史上のある時期、遊牧民を主とする国家や、研究者によっては「遊牧文明」とも呼ぶ文明を生み出す原動力となったのである。

こうした三つの技術、つまり、搾乳、去勢、家畜としてのイヌやウマの発明が、遊牧という生業を確固たる生業として成り立たせ、世界に広がる原動力になったものと考えられる。

遊牧は自己完結しない生業

いっぽうで遊牧は自己完結しない生業といわれる。これまでに書いたように、遊牧は家畜のいのちをもらって生きる生業である。この社会には動物性タンパク質は比較的潤沢にあるが、もうひとつの栄養素である糖質の入手はなかなか困難である。遊牧民たちは、農耕民との交易によって糖質を入手してきた。遊牧民にとって農耕民は、一面では土地を囲い込む困った人びとであるとともに、また他方では糖質の供給者として欠かせない存在でもあった。農耕民にとっても事情は同じである。遊牧民は、農耕民を侵略してくる侵略者であるとともに、塩をはじめ生活に欠かせない物資を運んできてくれる存在でもあった。また、家畜の糞《ふん》は、作物の肥料として有益であった。農耕民も遊牧民も、互いに他を困った存在であると認識しながら一面では相手に依存しなければならないという、複雑な関係におかれていたのである。

ウマという味方を得た遊牧社会が騎馬軍団を組織し、強力な軍事力を手に入れてからは、オアシス農耕民などと交易したりあるいは力を背景にそこを支配したりするなどして版図を拡大した。また遊牧民たちは農耕民を連れて移動することもあった。移動先で農業をさせ、糖質たるデンプンを得るためである。遊牧民は記録を多く残さなかった。また、草原の環境は、さまざまなモノを考古学上の遺物として残すことを許さない環境である。誰が、どこから、どれくらいの農耕民をどこに連れて行ったのかなど、詳しいことはわからない。遊牧文化のこうした性格により、遊牧文化と農耕文化のかかわりの歴史は農耕文化の記録にしか残されていない。わたしたちが今持っている記録は一面的である。両者のかかわりの本当のところは謎に包まれている。

明確な証拠はないものの、遊牧民による農耕民の「連れ回し」が結果として西のコムギを東に運んだのではないのか。あるいは、農耕民の集団を連れ回すようなことはなくとも、農耕民の集団との間で種子のやり取りをするなどして、一種の契約栽培のようなことをしていた可能性もあるのではないか。コムギは、このようにして西から東へと運ばれたのではなかったのか。そして同じく、キビやアワなど東の雑穀が、西へと運ばれたのではなかったのか。つまり、遊牧が、作物の伝播に大きな役割を果たしたのではなかったか。これが、わたしが考える、「中央アジアで作物を運んだのは遊牧民」であるという仮説の内容である。

むろんこの仮説が成り立つには重大な前提条件がいる。それは、農耕民を連れ回すだけの力のある、あるいは広大な範囲に広がる集団どうしをつなぐネットワークを持つ遊牧社会が、コムギが西から東に伝わったころにすでに成立していた、という前提である。むろん、この前提の証明はたいそう困難である。

しかし、もしこの仮説が正しいとすると、たとえば、P・ベルウッドの「言語農耕同時拡散仮説」は修正を余儀なくされることになる。この仮説は、言語が、農耕を携えた人の集団によって伝わったという壮大な仮説で、その当否をめぐって今なお論争が続いている。その仮説にしたがえばコムギもまた農耕民によって東から西へと伝えられた可能性がある。いな、わたしのこの仮説はまだ仮説の段階にすぎないが、もしこれが正しいとするならば、人の移動といった大きな問題にまで影響を及ぼす話につながってゆくのかもしれない。

遊牧民の価値観

「兎《うさぎ》追いしかの山、小鮒《こぶな》釣りしかの川」

国文学者高野辰之《たかのたつゆき》の作詞になるこの歌は文部省唱歌にも採用され、一〇〇年以上の長きにわたって日本人に歌い継がれてきた。この歌を知る日本人ならば、誰もが、頭に「いなか」の情景を思い浮かべるだろう。むろん、思い浮かべられた情景は人によりさまざまだろう。ある歌を聞いたときに田舎の情景を思い浮かべるのは日本人だけだろうか。あるいは東洋の人びとはそうなのだろうか。あるいは、欧州の人はどうなのか。さらには、遊牧民の社会ではどうなのか。

こうした関心にしたがって、わたしはいろいろな国からきている研究者たちに「ふるさとの情景」について聞いてみることにしている。ザンバ・バトジャルガルは、モンゴルの前環境大臣だった人である。彼が、総合地球環境学研究所に招へい外国人研究員として滞在していたとき、わたしはモンゴルと日本社会における人びとの環境観、自然観の異同についてときどき彼境と意見を交わしていた。わたしたちに共通の関心事はもっぱら、二つの社会の間で人びとの環境観や自然観に違いがあるのか、あるとすればどのような違いがあるか、にあった。

遊牧民と農耕民とはまったく違った価値観を持っている。農耕民は、ある一定の土地を私有し、そこでもっぱら作物などの栽培を行う。したがって農耕民にとって、土地はなによりも大事なもので、自分の土地からいかにしてより多くの生産を上げるか、そして土地をいかにうまく管理するかに相当のエネルギーを費やす。農耕民にとって土地は富の源泉である。つまり農耕民の主要な財産は不動産である。農耕民の国家は、私有化された土地での農耕を支えるための社会資本を整備する。その代価が租税である。そして土地という土地にはその所有者が決められている。初期農耕では、焼畑やそれに伴う休閑のような一種の移動を伴うこともあるが、農耕技術が高度化すればするほど土地への投資はますます大きくなり、そうすると移動の頻度は下がり土地への執着がいっそう増す。

ところが遊牧文化の場合には、そのようなことはほとんどなかった。多くの遊牧民たちは、自分たちの富を、家畜の群れそのものにあるとみてきた。つまり、遊牧文化では富は動産なのである。だから、家畜の数を増やすことが、彼らにとっての富の拡大である。そういう意味合いからも、動物の個体を肉として食べる、個体の数を減らすということについては、それほど積極的でない。

遊牧民も家畜の餌となる草原の草の質、草の量に関心があるのではないかという見方もあるだろう。しかし、乾燥が強いステップ地帯では環境は不安定である。土地を固定して考えれば、ある年はたくさん雨が降ったけれども、次の年には全然降らないというようなことがしばしばおきるという。豊かな草原がいつどこに展開するかわからない。たまたま今年豊かな草原がみられたからといって、来年もまたそこに豊かな草原が現れるとは限らないのである。どこか特定の土地を囲い込む気にはならない、ということになる。

遊牧民たちは、里の風景をどうみているのだろうか。先のザンバは、遊牧民でも、いや遊牧民だからこそ、故地には深い愛情と思いを持ちつづけるという。土地への投資とか、先祖伝来という発想がないということと、土地への愛情や想《おも》いとは違う、ということのようだ。遊牧民が故地に何の愛着も感じていないわけではないことは、『街道をゆく』シリーズを著した司馬《しば》遼太郎《りょうたろう》も書いている。司馬が、そのモンゴル旅行に同行したツェベックマさんという貿易省のお役人と、故郷について対話したときのことである。ツェベックマさんが、

「（故郷を主題にした詩が）どんなに深く（モンゴル人の）心を打ちますか、残念ながらあなたにその感動を伝える言葉をわたしは持たない」

と語ったというのである。その彼女は故郷というものをモンゴルの草原と漠然と考えているのではなく、個々の人びとにはそれぞれが生まれた「故郷への想いというもの」がある、ということなのだという。

麦――もうひとつの主人公

植物としてのムギ

ムギという植物はどんな植物なのだろうか。一八世紀のスウェーデンの植物学者、リンネの分け方では、植物はまず科に分けられる。そしてその下には「属」という分類の単位があり、さらにその下に「種」という単位がある。こうした方法で分類され与えられた名称を「学名」という。学名は慣習上ラテン語で書かれることになっている。

また、科によっては、いくつかの属をまとめて「亜科」という単位をおくこともある。この分類の方法にしたがうと、ムギの仲間はイネ科のイチゴツナギ亜科に属する。さらにコムギ属やオオムギ属、ライムギ属などに分かれる。これらを総称した「麦」という概念はもとは中国語のものなので、漢字文化圏の特性というべきかもしれない。これについてはまたのちに詳しく説明することにして、話を先に進めよう。コムギ属とはどんな特徴を持った植物なのだろうか。

コムギ属の植物の特徴は、まず穂の構造に現れている。コムギの穂と、コムギと縁の近いオオムギの穂の共通項は、花の集合である小花《しょうか》が、穂の中心にある穂軸《すいじく》に、一八〇度ずつずれてつく点である。つまりある小花のひとつ上の小花、ひとつ下の小花は穂軸のちょうど反対側についている。こうした構造の穂を持つのは、コムギ属とオオムギ属、それにライムギ属だけである。

では、コムギ属とオオムギ属の違いはなにか。はっきりした違いは、小花につく花の数に現れる。オオムギ属の植物では、ひとつの小花につく花の数は厳密に三である。これがオオムギ属の定義になっている。いっぽうコムギ属ではこの数は一定しない。育つ環境により、一であったり、場合によっては五にもなることがある。

いうまでもなく、コムギにもその祖先となった野生コムギの種が存在する。ただし、コムギにおける野生型から栽培型への進化はイネに比べてはるかに複雑である。野生コムギの場合には、種子が熟すと穂の軸である穂軸が節ごとにポキポキ折れる性質を持っているが、栽培型の場合には穂軸はいつまでも折れない。また、野生型のコムギは例外なく、種子が皮をかぶった状態にあるけれども、栽培型の場合には、ほとんどの場合皮がはがれて種子が裸の状態になっている。

遺跡から出てきた種子についてこれらの性質を調べれば、当時そこに栽培型のコムギがあったか否かを、高い精度で言い当てることができるのではないか。このアイデアで山口大学の丹《たん》野研一《のけんいち》とフランスのジョージ・ウィルコックスが西アジアの四つの遺跡から出土したコムギの穂軸の形態を調べている。穂軸といっても、穂軸一本がまるのまま出てくるわけではない。折れた多数の断片となって出てくる。だから、それら穂軸の断片が野生コムギのものか、それとも栽培化されたコムギのものかを判別するには、相当の熟練を要する。

彼らの観察の結果、じつに興味深いことがわかった。今から一万年少し前の遺跡では野生型の穂軸が圧倒的に多いが、七〇〇〇年、八〇〇〇年くらい前の遺跡になると栽培型の穂軸の割合が半分を超えるというのである。調査した遺跡は、トルコ東南部からシリア北部一帯にある遺跡で、実際にはひとつの社会を形作っていたものと考えられる。したがって、彼らがみた変化はあるひとつの社会における変化とみてよい。そしてその変化はじつに三〇〇〇年近い時間をかけて進行している。社会は、栽培コムギを受け入れるのに、これだけの長い時間をかけたのである。

栽培化に伴って、遺伝的多様性が大きく失われてきたことも確かめられている。先に紹介した神戸大学の森直樹の調査結果がそれで、この地域一帯の野生コムギには五〇種類を超える多様なタイプの葉緑体DNAが見出されたが、同じくこの地域にある栽培コムギにはこのうちのたったひとつのタイプだけが見出されたという。植物の栽培化によって遺伝的多様性が減ずることを示すよい例のひとつである。

ここで述べておかなければならないのが、西アジアで農耕が始まったときのこのコムギが、今わたしたちがふつうに使っているコムギとは種類が違っているということである。この地で農耕が始まったときに生まれたのは「一粒系《いちりゅうけい》」と呼ばれるアインコルンコムギや、「二粒系《にりゅうけい》」と呼ばれるエンマーコムギなどであったといわれる。そして今のコムギであるパンコムギ

図4－1　イギリス・ケンブリッジ近郊のコムギ畑

（フッウコムギ）といわれる種類のものがある。このパンコムギ誕生のいきさつはまたあとで述べる。一口にコムギといっても、いろいろなのである。

コムギという植物

では、穀類としてのコムギにはどのようなものがあるだろうか。生産量からいって、コムギを代表するのはなんといってもパンコムギである。第二章にも書いた、世界三大穀類のひとつで、全世界で栽培され、いろいろなかたちで食されている。そのパンコムギの祖先にもなったのがエンマーコムギである。

エンマーコムギには、野生のものと穀類としてのそれとがある。穀類としてのエンマーコムギは野生のエンマーコムギを栽培化してできたものと考えられるが、穀類としてのエンマーコムギは、古代エジプトでは醸造用などにも使われていた。

古代エジプトに発祥したといわれるビールは、エンマーコムギを使って作られたものである。マカロニコムギは、その名のとおり、パスタ用のコムギである。デュラムコムギともいわれている。デュラムコムギは、エンマーコムギから進化したものとされている。学名もまた「デュラム」の名が使われる（学名は*T. durum*）。日本ではほとんど生産されることはないが、「デュラムコムギのセモリナ」の名で輸入され、駄菓子などに加工されることもある。

コムギにはもうひとつ別の系譜もある。「一粒系」ともいわれるアインコルンコムギは、同じく一粒系の野生コムギから栽培化されたものである。生産量も栽培面積もごく限られたコムギではあるが、その全粒粉は、健康食品としてフランスなどでは一部の消費者の間で根強い支持を得ている。

野生種を含めたコムギ属の植物の進化で、ほかにはみられないのが倍数性の進化を遂げたところである。ここで倍数性進化という、染色体数の進化について書いておく。染色体とは遺伝子をのせた構造物である。遺伝子は、染色体といわれるひも状の構造の上に乗っているが、古典遺伝学の概念では、遺伝子はいわば「粒子」のようなものであり、染色体上の決まった位置（これを遺伝子座という）に乗っかる（専門用語で「座乗する」という）。この粒子は、間違っても他の遺伝子座に座乗することはない。しかし、現代遺伝学では、遺伝子をこれとは違った見方でみている。遺伝子は、ＤＮＡの並びの一部であり、遺伝子はＤＮＡの配列のある部分の機能（働き）だとみる。二つの考え方は、そのどちらかが正しく、他が誤っているという対立関係にあるのではない。光が、古典物理学と量子力学とで違ってみえるのとどこか似ている。遺伝子も、見方によっては異なってみえている。

染色体は、糸のようなＤＮＡが幾重にも折りたたまれた構造をもつ。それが、ある染色液によって染まり、光学顕微鏡の下でもはっきりとみえるのが、この名の由来である。ただし染色体も、あるいは細胞分裂のステージによってはまったく異なってみえる。いや、光学顕微鏡ではみることができない時期もある。染色体は変幻自在の存在である。

コムギの仲間である植物の細胞を顕微鏡でみると何本かの染色体がみえるが、その数は一四であったり二八であったり四二であったりする。

染色体は、多くの生物で父親と母親から子に一本ずつ伝えられる。こういう種類の生物を「二倍体」という。動物のほとんどの種、植物の多くの種が二倍体に属する。遺伝学では二倍体の植物をＡＡというように記号で書く。

ところが植物では、種によって両親から同じ染色体が二本ずつ来る種がある。これが四倍体である。記号ではＡＡＡＡと書く。つまり四倍体の種では同じ染色体を四本ずつ持っている。「同じ」とは言っても、ＤＮＡの配列までまったく同じというわけではない。

四倍体のなかには少し変わったものがある。「同じ染色体が二本ずつ」と書いたが、この二本に多少の違いがあって区別できることもある。こういう場合はＡＡＢＢのように書く。コムギの仲間でいえば、古代エジプトの人びとがビール作りに使ったエンマーコムギや、パスタに使うマカロニコムギなどがそれである。

パンコムギの誕生

ここまでに登場したコムギは、わたしたちが今、ふつうに知っているコムギとは遺伝的に違うコムギの種である。わたしたちが日本でふつうに食べているコムギは、種《しゅ》としてはフツウコムギとかパンコムギと呼ばれる種に分類される。これは六倍体の種で、先ほどの記号で書けばAABBDDとなる。なぜCCではなくDDなのか、と不思議に思われる方もあろうが、そのあたりは深く考えず、大事なことはA、B、Dの文字に代表される三つの祖先が関係しているとお考えいただきたい。

パンコムギは今から八〇〇〇年ないし九〇〇〇年前、今のアナトリア地方からカスピ海の南岸あたりの地域で生まれたといわれる。その誕生の「秘話」はこうだ。当時そこでは、四倍体のエンマーコムギが栽培されていた。エンマーコムギはAABBの四倍体の種である。ところがこのムギが生える畑に、タルホコムギ（クサビコムギという説もある）と呼ばれる植物が雑草として生えていた。これは二倍体の種で、記号で書けばDDというタイプの染色体を持っていた。そして、あるとき、まったく偶然にも、エンマーコムギとタルホコムギの間で自然交配がおきた。これがパンコムギのおこりである。

タルホコムギという名前は、その穂の形による。種子がウィスキーかワインの木樽《きだる》のような形にみえるからだ。もちろん麦の穂であるから、樽といってもごく小さな樽である。また、タルホコムギには「コムギ」という名前がついているが、この種はコムギ属とは違う属に分類されている。だから、厳密には、タルホコムギという言い方は正しくない。

この説は一九四〇年代に、京都大学の木原均《きはらひとし》が、ゲノム分析という方法によってうちたてた学説である。これは仮説ではあるが、提示されてから七〇年たった今もまだその正当性が信じられているという、生物学の仮説としては例外的に長寿の仮説のひとつである。

エンマーコムギとタルホコムギの自然交配は、どれくらいの頻度でおきたのだろうか。むろん、その頻度はごく低いことは明らかだが、たった一回限りのことであったのか複数回似たようなことがあったのかは、興味の持たれるところだ。これについてはわずかながら、「自然交配が複数回おきた」ことを示す状況証拠がある。この自然交配は、エンマーコムギのめしべにタルホコムギの花粉がついておきたことがわかっている。するとと、現存するパンコムギの母系はエンマーコムギに属することになる。パンコムギのおこりを調べている森直樹の研究成果によるとパンコムギは少なくとも二つの母系を持つという。つまり、この自然交配は少なくとも二回おきていることになる。パンコムギのおこりは、「たった一回限りの交配」に由来するのではない。ただし、この二回以上の交配がひとつの畑で時を同じくしておきたのか、それとも違うとき違う場所でおきたのかはわからない。

わかっていることはまだある。じつは、エンマーコムギにも、母系は二つある。エンマーコ

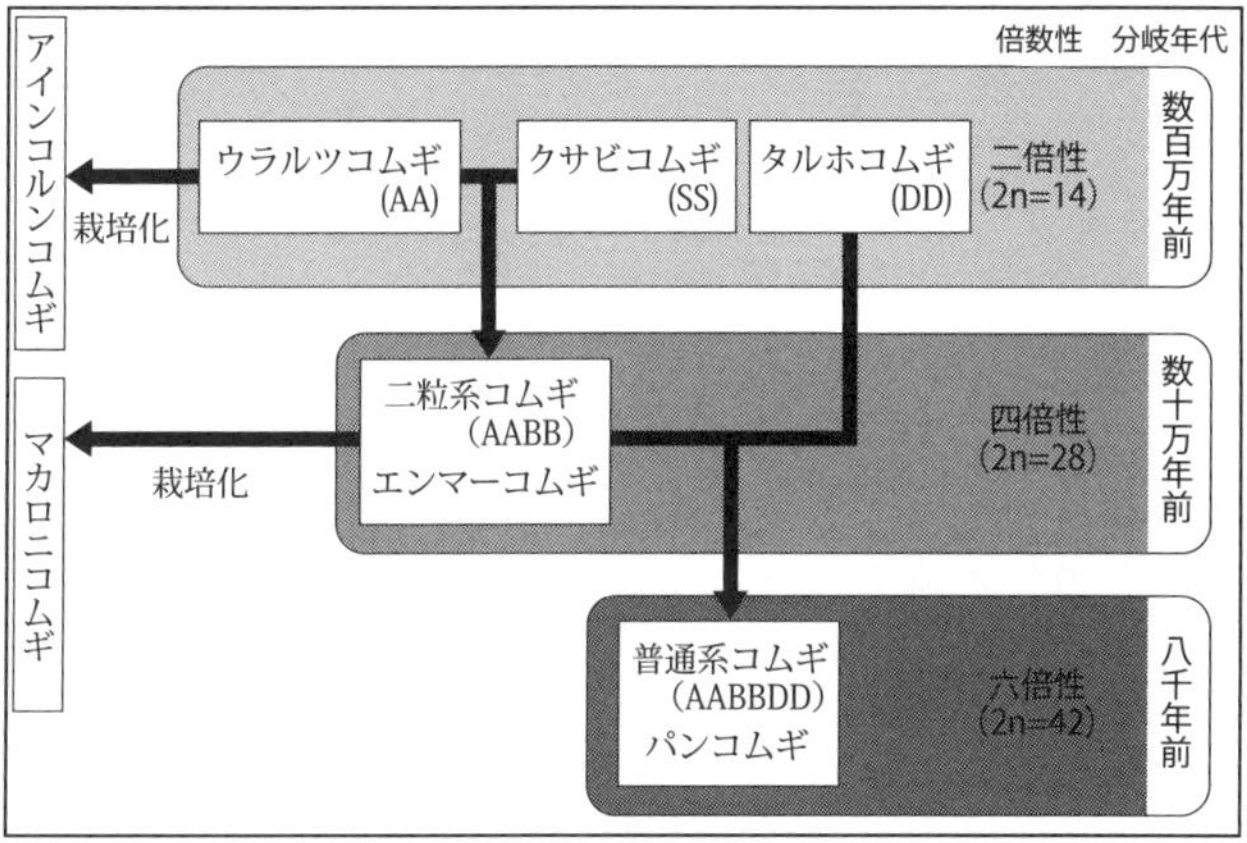

図4—2　コムギ属の進化（西田英隆『麦の自然史』による）

ムギ自身が最低二回の自然交配で生まれたのだ。そして、そのうちのひとつが、パンコムギの母系に一致するという。ではもうひとつの母系はパンコムギの形成には関与しなかったのか。ところがそうではないらしい。パンコムギにはスペルタという亜種、ないしは品種のグループがある。このスペルタの起源が、第一回目の交配でおきたパンコムギと、もうひとつのエンマーコムギの間でおきた二回目の自然交配でできたと考えられるという。

　コムギ属の植物たちの進化のようすは、図4—2のようであったと考えられている。話がややこしくなっている理由のひとつは、二倍体から四倍体へという進化と、野生型から栽培型へという進化とが必ずしも並行的ではないことにある。四倍体野生種の存在は、二倍体→四倍体という進化が自然条件下でおきたことを意味する。野生種→栽培種という進化は、二倍体の種でも四倍体の種でもおきた。コムギ属は、どうやら、自然現象に人間の目論見《もくろみ》が加わり、非常に複雑なグループ進化を遂げたものと思われる。

なお、コムギの仲間の進化も、その全容がわかっているとはいいがたい。細かい部分ではここでの説明以外にもまだいくつもの仮説があることを付記しておこう。

ライムギとエンバク

二〇〇四年夏、わたしははじめて新疆ウイグル自治区の省都ウルムチの郊外を旅する機会を得た。舗装もされていない田舎道にはところどころにポプラ並木が残っている。広大な大地のはるか遠くに天山山脈の山並みを眺める、じつに景色のよいところであった。

そこに畑があった。畑は、コムギの畑だった。コムギの品種は、もう近代品種に置き換えられているようで、背が低かった。しかしその畑には、コムギよりはるかに背の高いエンバク属の植物が、コムギに混ざって生えていた。それは雑草として畑に入り込んだもののようだった。

幸運にもときはちょうど収穫期。わたしたちは収穫に携わる農民に話を聞くことができた。作業をしている主人と思われる男性がわたしたちのインタビューに応じた。わたしはまず、エンバク属の植物が栽培されているものかどうかを問うてみた。答えは、「意図して植えているわけではないが、コムギの種子のストックのなかにエンバクが混ざっていて、毎年秋にはこのような状況になる。エンバクは種子が黒っぽくパンの色は汚くなるが、別に排除する理由もないので放ってある」とのことだった。近い将来彼のコムギがマーケットに売りに出されるようになれば、その時点でこのエンバクは雑草としてはっきり認識され、そして排除の対象となるだろう。しかし今の時点では、彼にはこのエンバクを排除する理由がなかった。それがコムギとは明らかに異質なものと認識されていたにもかかわらず、である。ここに、初期農耕の名残りがある。麦たちは今に至るまで複数の種が混ざって栽培されることが多かった。

さまざまな考古遺物の分析からも初期の麦農耕の姿がみえる。特徴的なことのひとつは、複数の遺跡から、コムギだけでなく、オオムギ、エンバクなどの麦類とソラマメ、ヒヨコマメ、レンズマメなどの種子が一緒に出土していることである。麦農耕は、そのごく初期の段階から、複合農業の様相を呈していた。そしておそらく、いくつもの種類のムギが、ひとつの「畑」に、一緒に栽培されていたのではないかと考えられる。いろいろなものが一緒に、あるいは相互に関係しあいながら進化してきたのがムギなのだといえよう。この点が、初期の稲作農耕とはずいぶん様相が違うところである。というのは、稲作農耕の場合には、栽培植物としてはイネがほとんど唯一無二であるからだ。

鳥取大学の辻本壽《つじもとひさし》は、ライムギの進化について、次のようなシナリオを描いている。まず野生のライムギが、コムギの畑の雑草として耕地に紛れ込んで雑草型のライムギとして成立した。ムギが、気候条件が厳しく、また土地のやせた北方に伝わったとき、そうした環境にコムギよりも適応するライムギの頻度が次第に高くなっていった。やがてそのライムギが、小穂《しょうすい》の脱落性を失って作物としての要件を備えていった。ライムギという作物がどこで生まれたかをいうことはやさしいことではないが、発祥の時期は、出土事例をみる限り今から四五〇〇年よりも前のことらしいという。

さて、ライムギは、北欧など寒く土地のやせた地域で作られ、パン用に使われる。ただし、ライムギの粉だけでパンを作っても、膨らむことはない。ライムギには、グルテンというパン生地の粘りをもたらすタンパク質が欠けているからである。そこで、ライムギの粉とコムギの粉を混ぜてパン生地にしたり、あるいはライムギの粉を乳酸菌などで発酵させて焼くライムギパンにしたりもする。こちらは乳酸菌の効果で酸っぱいパンになる。

こうしてみると、ライムギはコムギとともにあり、コムギとともに進化し栽培化されてきたということができる。いってみれば、「数千年来の腐れ縁」だが、この過程で、コムギとライムギの間に、エンマーコムギとタルホコムギのような自然交配はおきなかったのだろうか。歴史上そうした明確な事例は知られていないようだが、コムギとライムギとは人工的に交配することができる。こうしてできた作物がライコムギで、今、世界中に広まりつつある。主たる用途は家畜の飼料だが、病気に強く、また旺盛な生育で重宝されている。人工交配の産物であるという点で、ライコムギはまさに人間が作った作物といえるだろう。

エンバクの栽培化はライムギ以上に複雑である。先の辻本と同じ『麦の自然史』に原稿を寄せている森川利信《もりかわとしのぶ》にしたがって、そのあらましをまとめると以下のようになる。エンバクは世界中で栽培される六倍性のフツウエンバクのほか、二倍性、四倍性の種からなる複合的な穀類である。フツウエンバクもまたライムギ同様、コムギとの共存関係で進化してきた。コムギやオオムギと違って、ライムギもこのエンバクも、西アジアの古い遺跡からは出土していない。それはまず雑草として野生型から進化し、今から五〇〇〇年ほど前に作物として進化したと森川は考えている。

ところでエンバクには、ユーマイと呼ばれる、中国に固有の風変わりなタイプが知られる。これは裸性（オオムギのところで詳述する）で、栄養価に富む特徴を持つという。どうやら、エンマーコムギの雑草として東に伝わったものが独自に進化したものらしい。しかしこの説にはひとつ難点がある。現在、中国にはエンマーコムギがほとんどみられないことである。エンマーコムギに代わってパンコムギが作られるようになった、ということだろうか。それならば遺跡からエンマーコムギの種子が出土していてもおかしくはない。今後の発掘に期待するばかりである。

オオムギという穀類

同じ麦のなかでも、オオムギの進化や伝播はやや異色である。そのひとつが中国や日本などで独特の食文化を形作っているからである。オオムギは、麦のなかでも比較的よく研究されてきた種のひとつである。そしてイネ同様、研究は主に日本人研究者によって支えられてきた。

オオムギ研究の中核となってきたのが岡山大学の農業生物研究所（現資源植物科学研究所）。かつて大原《おおはら》財団が支えた、大原農業研究所であった。この研究所で、研究を支え、リードしてきたのは高橋隆平《たかはしりゅうへい》博士。文字どおり、オオムギの起源研究のパイオニアであった。

高橋博士らの研究グループは、早い段階から、世界のオオムギ品種のグループが、「東型」「西型」と呼ばれる二つのグループに大別できることに気がついていた。二つの型は、図4―3に示す線で区分される「東」「西」二つの地域に分かれて分布する。二つの型とはどういう品種なのか、たとえば、「二条オオムギ」「六条オオムギ」という二つの品種のグループについて説明しよう。二つのうち、六条の品種は世界にあまねく分布するが、いっぽう、二条の品種は、「西方」にしか分布しない。むろん例外はあり、今では二条オオムギの品種は、東型の分布域である日本列島にも分布する。ただしこれらは明治時代に入って以後、ビールの醸造用に導入されたものが圧倒的に多い。明治以前の伝統的な品種はほとんどが六条だったのである。

図4―3に描かれた線は、大ざっぱにはアジア夏穀類ゾーンと麦農耕ゾーンの境界線に合致するようだ。はたしてこれは偶然なのだろうか。おそらくそうではあるまい。二つの線が隔てたものは、線の東西に分かれて住まう異なる人間集団の境界である。この線は、オオムギというひとつの穀類における品種群の境界線であると同時に、ユーラシアの東西を分ける線でもあるのだ。

ところで、この二条品種、六条品種の二、六という数字に疑問を持たれる読者も多いだろう

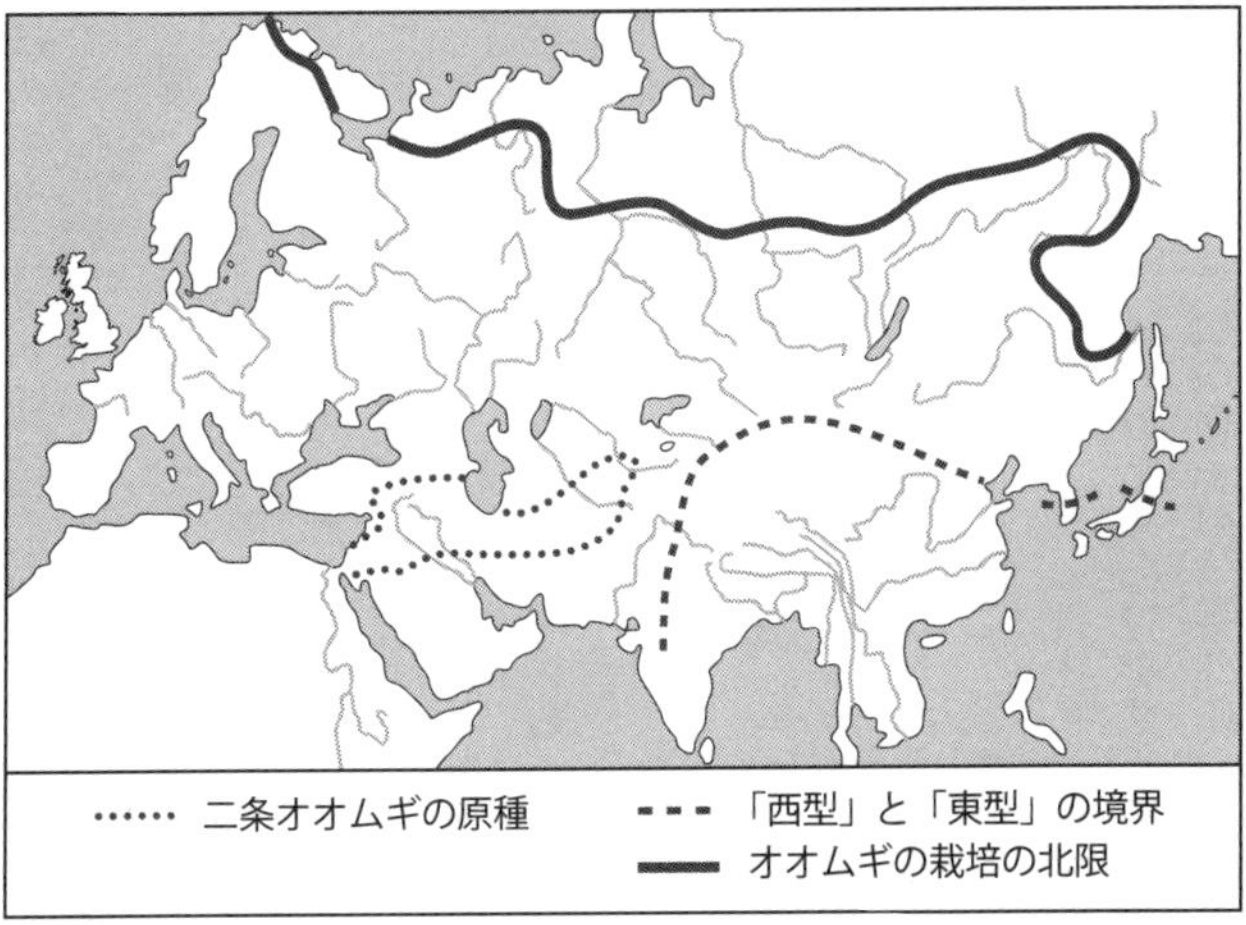

図4―3　オオムギの「東型」と「西型」（R. Takahashi, 1955より）

と思うので、ここで説明しておく。オオムギ属の植物の特徴は、ひとつの小穂に三つの花がつくことである。小穂は、穂全体を上からみたとき一八〇度離れて交互につく（右、左と交互につく）ので、六つの花（種子）がまるで矢車のようについているようにみえる。六条の「六」はここからきている。二条の品種は、一個の小穂につく三つの花のうち、外側の二個が退化した品種である。この穂を上からみると、それぞれの小穂の真ん中の一個だけが実って大きくなるので、上からみれば左右二個の花（種子）がついているようにみえる。だから二条と呼ばれるわけである。

このようにみてゆくと、「東」の地域には、「六条」でありかつ裸性である「六条・裸」の品種が特異的に分布することになる。やや専門的な話になるが、東型に固有の性質としては、ほかにも、「モチ性」、「三叉芒《さんさぼう》」「渦性《うずせい》」などの性質を持つ品種がある。モチ性のオオムギ品種は、イネやアワ、キビ同様、モチにして食べられる。渦性の品種は背が低いので、栄養分が多く湿った土で栽培しても倒れる心配がない。また、先述の裸麦は、麦こがしに適している。麦こがしは、よく焙《ほう》じた裸ムギの種子を粉にしたもので、はったい粉とも呼ばれている。つまりは、東型品種が持つこれらの性質は、モンスーンアジアの風土や食の文化によく適合した性質である。東型品種は、「水に出会ったオオムギ」と言い換えることができるだろう。

なお、最近ではこの条性に関する遺伝子の研究が進み、DNAの塩基の配列のレベルでも両者が区別できるようになっていることを付記しておく。

粉食という文化

ところで、食を考えた場合、ムギの大きな特徴のひとつに、粉食すること、つまり粉にして食べることが挙げられる。むろん米も粉にして食べることはある。あるいは粒のまま熱を加え、それをつぶす「餅」のような食品もある。だが消費のほとんどは粒のままでの食、つまり粒食である。米の粉食は、「粉にすることもある」程度の、あくまで補助的な食べ方にすぎない。

ムギの多くが粉にされる理由について、多くの書籍には、「ふすまの部分を取り除くため」、あるいはその操作のために粒を壊してしまったために全体を粉にしたと説明されている。ふすまとは、ムギ類の種子の一番外側の部分をさし、硬く、かつ食感を損ねている。米を白米にするときと同じように、外側の部分だけを削り取ればよさそうなものだが、麦類の種子は、多くの場合縦に深い溝が走っており、この溝の部分ではふすまの部分も深く食い込んでいる。そこでやむなく、種子をまず粉にして、ふすまの部分はそれから吹き飛ばすことにした、というのである。

この説明は一見わかりやすいが、さて、はたしてそれが種子を粉にする主たる理由なのであろうか。ふすまの部分が食感を損ねるとか色を黒っぽくするというのは事実としても、最近ではふすまの部分を含めて粉とする「全粒粉」もはやりになっていて、食べられないわけではない。人類は、農耕を始めるだいぶ前から臼《うす》を持っており、そのころから野生のムギ類の種子を粉にして食べていたと考えられる。食料が十分になったとも思われないこの時期に、種子全体の相当部分を占めるふすまの部分を取り除くために粉にするなどということがはたしてあっただろうか。

ヒトはデンプンを生のままでよく消化することはできない。加熱という技法を覚えることによって、人類ははじめてデンプンを効率よく栄養にすることができた。加熱するならば、水を加えて煮るか、焼く（あるいは炒《い》るか焙じる）かのどちらかである。煮るためには、ポット型の容器が要る。土器を考えるのが自然だが、土器の起源は一万六〇〇〇年前、しかも東アジア起源であり、これが西アジアにまで伝わるのは農耕開始後のことといわれる。麦農耕が始まった西アジアでは、当時煮炊きはできなかったのであろう。土器を作るのにも、また煮炊きをするにも、水がいる。水が不足する土地では、煮炊き用にする良質の水があるなら飲み水として確保しておきたかったはずである。先に焼いてそれを粉にして水でこねるか、または先に粉にして少量の水でこね、それをかまどで焼くのが、水が少なかった西アジアの環境によく適応した調理法ではなかったか。後者は、とくにコムギの場合には、生の粉を水でこねることでグルテンが生成され、パン生地に弾力が増す。これに、発酵が加わることでさらに柔らかなパンになる。これは、それまでの、硬いパンに比べ、噛む力の弱い幼児や老人にとっても食べやすくなったのだろう。

パンの柔らかさなど、どうでもよいと思われるかもしれない。しかし、消化力が弱く、あるいは歯を失った高齢者にとって、柔らかい発酵パンは文字どおりの生命線である。歯が生えそろっていない乳児にとっても状況は同じであった。発酵パンのおこりは相当に新しい（といってもおそらく六〇〇〇年ほどの歴史を持つようだ）と考えられているが、この発明は、離乳食のおこりとも関係してたいへん示唆的である。

麦農耕ゾーンの生業体系

麦農耕ゾーンの地域分け

さて、ここではまず、本書でいう「麦農耕ゾーン」の地域分けについて書いておこう（図2

―2)。アジア夏穀類ゾーンでは、その土地の森の性格に応じ、北から南へと地域分けができた。しかし、麦農耕ゾーンではバリエーションはむしろ東西方向に大きい。温度条件よりも水分条件のほうが生業のスタイルを決める大きな一次的要素になっているといえるだろう。

ここでは、麦農耕ゾーンの六つの地域それぞれについて、他の研究者たちが残した記録やわずかばかりのわたし自身のフィールドノートなどをもとに、そのようすを少し再現してみよう。もっともわたしはこの地域のフィールドワーカーとしてはごく初心者にすぎない。わたしの見聞がごく限られた範囲のものにすぎず、したがってわたしの誤解や理解の至らない部分が多くあることはあらかじめお断りしておかなければならない。

モンゴルを旅する

二〇一〇年八月上旬、わたしは同僚の小長谷有紀《こながやゆき》さんの案内でモンゴルを旅する機会に恵まれた。彼女はモンゴル調査のエキスパートで、同時に国立民族学博物館の初代館長であった梅棹忠夫の最後の弟子でもある。こうしたこともあってわたしははじめてのモンゴル旅行に心躍らせていた。出発前、わたしは夏のモンゴルの気候がどうであるか、問い合わせた。返事は、寒暖の差が激しく、また氷雨が降ったりもするとのことであった。半信半疑であったが、とりあえずウィンドブレーカーをスーツケースに詰め、ソウル経由で首都ウランバートルに入った。

モンゴルは遊牧民の国である。遊牧民は家畜の群れを追い、暮らしをたてる人びとである。

図4－4　モンゴルの遊牧

家畜たちは草原の草を食べて生きているわけだから、モンゴルは草原の国であるともいえる。わたしが事前に持っていた知識はこの程度のものだったが、実際、はじめてみたモンゴルの大地は草原の大地、それも今までにみたこともない見渡す限りの草原の大地であった。むろん、随所で森をみかけはした。だがそれはなだらかな山々の北斜面などに局在し、大きな広がりを持つ森ではない。とくに、高原の南のほうは乾燥が卓越しゴビと呼ばれる砂礫《されき》の砂漠へとつながってゆく。

ウランバートルの東の郊外を回った調査初日には小雨が降った。それでも寒いというほどのことはなかったが、ウランバートルから西に進んだ二日目から四日目にかけては、冷たい雨に加えて強い風が吹いた。ちゃんとした防寒具を準備しなかったことを悔やんだほどだった。夜ともなると宿泊のゲル――遊牧民たちのテントをこのように呼ぶ――の暖炉には火が入った。そうでないと、寒くて夜も眠れなかった。五日目には、それまでの荒天が嘘《うそ》のような晴天になったが、朝、遠くの山が――そんなに高い山ではないと思われたのだが――うっすら雪化粧をしていたのには驚いた。小長谷によると、こうした天候はなにもこの年だけのことではないという。夏のさなかでも、日本の夏のように、毎日が暑いわけではない。ある日突然寒くなって雨が降るというようなことがしばしばおきるという。暑さ寒さの絶対値より、落差が大きいのだ。気温だけではなく、降水量についても同じことがいえるようだ。ある土地が、昨年雨が降って草の生育がよかったから今年もそうかというと、必ずしもそうではない。年ごとに考えれば、不安定なのだ。

ステップと呼ばれる中央アジアの草原でも同じようなことがいえる。ステップは、極乾燥地帯から湿潤地帯への移行帯のような地域である。移行帯における気候は不安定なことが多い。したがって草原の生産量は場所によってまちまち、年によってまちまちになる。大きなバリエーションがある。昨年よい草を生産していた土地が、今年もまたよい草を生産する土地になるとは限らない。こういう環境下では、ある土地を私有してそこに投資を行い、次の生産を拡大しようとするモチベーションはほとんど働かない。この不安定さのゆえに、人びとは土地に投資することをしないのだ。

旅の途中で、わたしたちはいくつかのゲルに立ち寄った。多くは、小長谷がその長い調査の間に知り合った人びとである。いろいろな食べ物も食べさせてもらった。チーズはヒツジやヤギのミルクで作られ、あるものは酸味が強かった。乾燥し、なかにはぼろぼろと砕けるような食感のものもあった。ヨーグルトも味わうことができた。酸味が強く、かつ匂いも独特だった。おそらくその性質は乳酸菌の種類（レースという）によるのであろう。馬乳酒も経験できた。濁り酒のように白濁しているのはミルクが原料だからだ。濁りや色合いは韓国のマッコリにも似る。なぜか冷たく、すっきりとした飲み味が印象的だった。

わたしのとぼしい体験によるまでもなく、モンゴルの人びとの暮らしは遊牧に頼っている。というのも、国土は——北部には森林が、そして南部には砂漠が広がるところもあるが——大きな部分は主に降水量の関係で草原になっているからである。気候は、基本的には夏雨の気候だが、年降水量は二〇〇ミリメートルを超える程度である。農耕を支えるには、気候の条件があまりに厳しかったのである。ただし、この土地がいつから草原であったかはわかっていない。古い時代には、全土ではないにせよ森に覆われていた可能性もある。

高緯度で降水の少ない地方では、いったん失われた森はなかなか回復しない。それがいつの時代のことか明らかにすべくもないが、この地に最初に入ったであろう狩猟・採集民たちの活動の結果であったか、あるいは気候の変化によるものであったか、森は失われ代わって草原が広がった。そして、できた草原に適応できた人間の集団には遊牧以外の選択はなかったのであろう。

以来、この地は遊牧文化のひとつの拠点でありつづけてきた。もちろんそこに成立した政治権力はいろいろであったし、そしてその権力の及ぶ範囲も伸縮を繰り返した。周囲の地域とのかかわりもいろいろであった。しかしそれでも、この地はいつも遊牧という生業とそれから派生した文化、政治、社会、経済の体制の発信地でありつづけたのである。東アジアの農耕社会で、モンゴル発の影響をまったく受けなかった地域はおよそなかったといってよい。東アジアの農耕文化を作ったのは、ある意味でモンゴルの遊牧文化であったといってよい。

中央アジアの生業史

ここでいう中央アジアとは、東はモンゴルの西端から黒海あたりまで、また北は草原と森林の境目、南はパミル高原からペルシア高原までの広大な地域を想定する。そしてこの地こそ、ここ一万年ほどのユーラシアのなかでもっとも変動の激しい土地であった。その変動とは、たんに気候や環境の変動でもなければ、またそこに住んだ人びとの集団の変化だけでもなく、ひとつの集団のなかでの生業の変化をも伴うという激しいものであったと想像される。

ここでは、中央アジアのどの地域にいた集団が、いつどこからきてどこに伝わったか、どの集団とどの集団とが闘い、どちらが勝ってどちらが負けたかといった人類史の襞にまで踏み込む作業は、優れた成書がほかにもいくらもあるのでそれに譲ることにして深入りせず、生業史に視点を移そう。

詳しいことがわかっているわけではないが、林俊雄《はやしとしお》によると、今から八〇〇〇年ほど前までは中央アジア一帯には狩猟・採集民が棲んでいたことは確かなようだ。その後、この土地には周囲からいろいろな生業につく人びとが入り込んでくる。最初の農耕民はおそらく今から八〇〇〇年ほど前、おそらくは発祥間もないコムギをもってこの地に入り込んでくる。これはおそらくは西からの移入ということになろう。そしておそらくこれと同じころになろうか、東からの人の動きの気配もある。その最初のものが土器の動きである。土器は日本列島を含む東アジアのものが最古といわれる（一万六〇〇〇年ほど前）。それは、一万一〇〇〇年から一万年ほど前に東アジアを出てシベリアを西に進み東欧平原には七〇〇〇年ほど前に達した。東から西へと動く生業の第二波は、おそらくキビやアワなどの夏穀類の動きであった。時代はわからないが、コムギがこの地に入ってからのことと思われる。

しかしどうやらこの地に入り込んだ集団は、農耕だけ、あるいは遊牧だけで暮らしをたててきたのではなかった。ときには農耕に従事し、またあるときには遊牧に従事するという具合だったようだ。世界のどの地域よりも環境の変化の大きかったことが、こうしたフレキシブルな社会を作り上げたといってよい。つまり人びとは、降水量が多いときには定住して農耕を営んだし、反対に乾燥が厳しいうえに気温が低く、作物の栽培ができないときには遊牧に転じたとも考えられる。

中央アジアからはやや離れるが、ここからパミル高原を越えたタリム盆地の東端近くにある小河墓遺跡（三六〇〇年ほど前〜三一〇〇年ほど前）からは、コムギやキビの種子のほか、ヒッジやヤギの骨が出土している。しかし遺跡からは生活のあとはまったくみえず、遺跡は墓域、つまり墓地の遺跡であった可能性が高そうである。ひとつ特徴的であるのは、ウシに対する特別の思いだろうか。遺体を入れた（正確には囲ったというべきだが）棺《ひつぎ》の表面はウシの皮で覆われ、また墓標にはウシの頭蓋骨《ずがいこつ》が固く結わえつけられていた。畑などの生産の仕掛けが出土していないので詳しいことはわからないが、彼らが農耕の要素と遊牧の要素の双方を持ち合わせていた可能性が高い。

生業の自由度は、移動性の自由度にも通じていた。社会は、ときには移動もすればときには定住もした。このことを端的に表しているのが、アラル海にあるケルデリ遺跡の存在である。総合地球環境学研究所の窪田順平《くぼたじゅんぺい》たちはアラル海の拡大、縮小の変化を調査するうち、アラル海の湖面が今まで考えられてきたよりはるかに頻繁に上がったり下がったりしていることを突き止めた。現在アラル海は縮小してほとんど消滅してしまっているが、じつは今から八〇〇年ほど前の一三世紀にも現在と同じくらいにまで縮小していた。このとき、干上がったアラル海の一部に人間が入り込み、定住生活を営んでいたことがケルデリ遺跡の存在から明らかである。なにしろ人びとはここに集落を築き、モスクまで建てていたというのだから。

生業の自由度の高さはある意味で「いい加減さ」といってもよい。明日は明日の風が吹くといわんばかりの自由度。そしておそらくは移動性の高さを前提とした社会のシステム。それはたしかに遊牧文化の遊動性に通じるものである。この自由度を支える力を仮に「馬力」と呼ぶことにしよう。

いっぽう農耕社会が持つ非遊動性は、土地への資本とエネルギー投下のたまものである。さらには人びとの心をも土地に固着させ、土地への固有のノスタルジーを生んだ。社会が持つエネルギーはこの土地への固着性からきている。この力はいわば「場力」とも呼ぶべき力である。これら馬力と場力の融合、使い分けこそが、社会の持続性につながる。

西南アジアの遊牧と生業

穀類としてのムギが生まれたのは西アジアの一角と考えられているが、この地はどのような風土なのだろうか。現時点におけるこの地の気候はドイツのW・P・ケッペンによる区分ではCsa（地中海性気候）またはBS（ステップ気候）帯に属している。コムギの野生種も、秋に発芽して翌春に種子をつける植物なので、コムギが生まれた地域が地中海性気候帯に属するであろうことは当然のことながら想像に難くない。

しかし、ムギが生まれたのは、一万年ほども前のことである。当時の環境が今のそれと同じであると考える根拠はどこにもない。現在そこは相当に乾燥した地域なので一万年ほど前も同じように乾燥していたように考えられているところもあるが、明確な証拠はない。さらに一万年ほど前とはいっても、ムギの栽培化には三〇〇〇年以上もの時間がかかったというのが最近有力視されている説である（一七七頁）。この三〇〇〇年もの間、環境が変わらなかったと考える理由はない。冬雨の地域であるという性質は今も昔も変わらなかったとは考えられるが、絶対的な雨量や植生は今とだいぶ違っていた可能性は大きい。環境の変化と農業のおこりとの関係は、これからも詳しく研究しなければならない大きな問題のひとつである。

すでに述べたように、この地域では、ムギやマメの栽培化とヒツジやヤギの家畜化とがほぼ同時に進行した。このことがその後のこの地域における「パンとミルク・肉」という食のセットの基礎を形作ることになる。家畜を伴うという点が、東アジアにおける雑穀やイネの農耕の開始とは大きく違う点である。東アジアの「糖質とタンパク質のパッケージ」では、動物性タンパク質は天然資源によってきた。いっぽうここでは、糖質もタンパク質も人間が作ったものである。

西南アジアは世界でもっとも早くから文明が芽生えた地域である。メソポタミアの文明では灌漑農業が進んでいて、コムギやオオムギなどが栽培されていた。ナツメヤシも重要な作物だった。しかし、都市域の外にいた人びとの多くは遊牧民であった。小林登志子《こばやしとしこ》によるとシュメールの農業は「有畜農耕社会」であったという。具体的にはそれが何を意味するかよくわからないが、去勢や、ヤギを使ったヒツジの群れの管理の方法などが確立していたようだ。紀元前四〇〇〇年前ころには、このあたりでは、ムギとミルク、肉というパッケージがすでに出来上がっていた可能性が高い。

乾燥が卓越する西南アジアでは穀類の栽培ができず、遊牧によるしか生きるすべがない土地が広がってきた。そうした土地はこの数千年の間に拡大したり縮小したりした。よく、温暖化、寒冷化など気候の変動がその原因として取りざたされることがあるが、そればかりではなく人間社会の動きや生業のあり方などがさらに大きな影響を及ぼすこともある。たとえば、ウル第三王朝期には、不適切な灌漑が畑の塩害を招き、耕作のできない土地がどんどん広がっていたようである。しかも、人の動きと気候など自然の動きは互いに影響を及ぼしあっていて、何が原因で何が結果かを簡単にいうことはできない。

西アジアはその後も遊牧が卓越する社会でありつづけた。むろん政治体制としては幾多の王国や帝国が、そしてさらには近代国家が誕生してこの地を治めたが、生業の基礎は点在するオアシスに展開したオアシス農業と、それらの点をつなぐ遊牧とにありつづけた。そして今も小さな遊牧社会が多く生き残っている。なお、生業としての遊牧は、必ずといってよいほどに他の生業との共存関係が必要だった。松井《まつい》健《たけし》によると、イラン系遊牧民であるパシュトゥーンは、周囲の都市のバザールの存在を前提としており、たとえば家畜の飼養で得た資源の販売で現金を得て暮らしていたという。都市は遊牧文化にこそ欠かせない存在なのである。

トナカイの狩猟と遊牧

今のロシア北部、北極海に近い地帯には、トナカイの遊牧で暮らしをたてている人びとがいる。日本では、トナカイといえば、サンタクロースがそのそりに乗ってプレゼントを配る動物というくらいのイメージしかない。しかし高緯度地帯ではトナカイは重要な家畜、それもほとんど唯一の家畜である。スウェーデンのストックホルムのレストランでもトナカイの肉はよくお目にかかる。赤身で癖がなく、わたしには食べやすい肉との印象がある。赤身で低脂肪という性質は、現代人の食の志向によくマッチしている。このトナカイは、もちろん、家畜としてのトナカイである。

トナカイにも、もちろん、対応する野生のトナカイがいる。もとは森林地帯での輸送用の動物として家畜化されたといわれている。国立民族学博物館の佐々木史郎は、このトナカイの遊牧について、西シベリアのネネツ、極東シベリアのチュクチと呼ばれる二つの民族の詳細な調査と文献研究を行っている。ここではその報告をもとに、極北に暮らす人びとのここ数百年間の生業の変遷を垣間《かいま》見ることにしよう。

一六世紀から一七世紀ころまで、ネネツの人びとの生業は野生のトナカイや北極海に面する沿岸では海獣などの狩猟に頼っていた。その後ロシアとの関係が深まるにつれ、一部の生活財はロシアから入手するようになったが、基本は狩猟と、わずかばかりの植物資源の採集によっていた。トナカイの飼育はこのころには始まっていたようだが、規模は小規模でとくに食用にはもっぱら狩猟で得た個体が供されていた。一八世紀も後半になると、しかし、トナカイの飼育は「多頭化」の時代を迎える。飼育といっても、社会が高い流動性を持つネネツの人びとの社会なので、それは基本的には遊牧とみてもよかろう。多頭化の理由は、輸送手段としての需要が増えたこと、それに野生のトナカイの数が減ったことなどが理由として考えられるようだ。気候の変化はトナカイの集団の維持に影響を与える。個体数はしばしば激変してきた。

ここでは遊牧は、決して安定した生業体系にはなっていない。それに、野生トナカイによる飼育個体の「連れ去り」のようなこともしょっちゅうおきるという。この事実は野生集団と飼育集団の間の遺伝子の交換を示唆するし、家畜化の度合いは当然にして低いものとみられる。こうした記録をみていると、少なくともトナカイに関しては、遊牧は狩猟と密接にかかわりあっている。トナカイの遊牧はその狩猟に端を発したものとみるべきであろう。

アラブ社会の生業

ユーラシアのなかで特異的な生業体系を持つ地域がもうひとつある。それがアラブ社会である。地域全体は、麦農耕ゾーンのなかでもひときわ乾燥し、また暑い。乾燥という点では中央アジアも同じであろうが、アラブ社会はこれに高温という要素が加わっている。

アラブ社会における生業を系統的に研究してきた研究チームがあった。総合地球環境学研究所の研究プロジェクトのひとつ、「アラブなりわいプロジェクト」がそれである。その成果を、リーダーだった縄田浩志《なわたひろし》、サブリーダーの石山俊《いしやましゅん》らの著作に基づいてまとめておこう。アラブ社会で人びとのエネルギーを支えているのはナツメヤシだという。もちろんそれは野生植物ではなく、栽培植物としてのそれである。ナツメヤシの栽培化の歴史は五〇〇〇年に及ぶと、縄田は考えている。また現在ではいくつもの品種があり、公的な研究機関での品種改良も行われるようになってきている。世界全体の生産量は七二二万トン（二〇一一年現在）、世界三大穀類にはむろんはるかに及ばないが、穀類第五位のエンバク（二二三一万トン）の三分の一程度はあり、無視できる量ではない。

ナツメヤシは、その干した果実を食用にする。独特の風味はあるが、甘い。日本人にはなじみのない味と思われがちだが、じつは日本でも相当量の輸入がある。関西などで人気の「B級グルメ」、お好み焼きのソースの原料に使われているのである。ナツメヤシは木本に類する。寿命も長く、品種改良のスピードは遅い。ひとつの地域を支える栽培植物で穀類に類さないものとしてほかには根栽類がある。バナナ、サトイモ、ヤマイモなどがその典型だが、これらはどれも多年草である。

アラブ社会にはむろん穀類もある。アフリカ生まれの穀類であるソルガム（コウリャン）、シコクビエ、トウジンビエ、フォニオ、テフなどが主であるが、オアシスではコムギやオオムギなども栽培されている。アフリカ生まれの雑穀たちは今から四〇〇〇年ほど前までにはインドに達しているが、そのときの経路は、スーダンから紅海を渡り、アラビア半島の南縁を通ってインドに渡ったといわれている。今は極度の乾燥のために砂漠に覆われるアラビア半島であるが、インド洋に面するその南東沿岸では四〇〇〇～三〇〇〇年前ころの遺跡が多数みつかっている。またアフリカ側の通過点となったスーダンの北部は、ソルガムの起源地とされるところで、かつこのルートは一〇万年近く前の「出アフリカ」のそれでもある。「出アフリカ」とは、アフリカに生まれた現生の人類がはじめて故地たるアフリカを出たそのイベントをいう。アフリカ生まれの雑穀たちは、出アフリカから何万年もたって、この世界でもっとも「由緒ある道」を通ってユーラシアに入ったのである。

この地域では、今でもこれらさまざまな穀類を、それぞれの地域の固有のやり方で調理して食べている。わたし自身も、ソルガムの未熟な種子をゆでたもの、ソルガムのパン、トウジンビエを粉にし、団子状に練って揚げたものなどを食べたことがある。

しかし、穀類の利用はそれほど多いわけではなく、乾燥の強い地域に生きる人びとは遊牧の生業についている。また、熱帯の乾燥地域にあまねく分布するナツメヤシが、糖質の重要な担い手として栽培されている。そしてここでよく用いられる家畜にラクダがいる。日本ではラクダというと動物園などに数頭飼われているだけというイメージが強いが、アラブ社会ではそれは群れなす家畜である。わたしも一、二度その群れに出会ったが、何百頭ものラクダが群れとして動くさまは圧巻であった。なお、ラクダも他の家畜同様、ミルクから皮、骨に至るまで全身が残すところなく利用されている。紅海など沿岸地域では、海の資源が利用される。さまざまな魚種のほか、海の哺乳類も狩猟の対象である。

アラブ社会は——むろん全部がそうだというわけでは決してないが——ここ数十年、原油の生産で巨大な富を蓄えてきた。いまやドバイなどは経済的には世界のどの地域よりも裕福で、世界中から消費財を輸入しつつある。その経済力を背景に、海水を淡水化してその水を利用した農業生産を始めたりもしている。単価計算をすればとてつもなく高い農産物になるだろうが、現代の農耕にはこうした側面もあることは覚えておいてよい。

欧州における生業

地図にみる現代欧州の農耕

麦農耕ゾーンの西側は、欧州の世界である。その領域は、政治的な意味での欧州にほぼ合致する。そこはまた和辻哲郎《わつじてつろう》のいう「牧場」の風土でもある。降水量も、この圏域の東側よりもずっと多く、アムステルダムで七四一ミリメートル、ロンドンで六八三ミリメートル、ローマで八二八ミリメートルなどになる。だが、冬に雨の多い冬雨の地域という点では共通している。

欧州の土地利用のあらましを図4―5に示しておこう。地図は、FAOなどが発行している地図をもとにわたしが用意したものだが、最近の土地利用図は人工衛星が撮影した写真に画像処理して得られたものが多い。このような方法は近年盛んに行われているが、人工衛星の画像を使うだけに包括的な図が描きやすい半面、現場を足で歩いて確認したものではないので、どこまで実態に合っているのか、信頼度の面では課題が多い。実際、複数の図を集めてみると、細かい部分ではずいぶんと違いがあることに気づく。

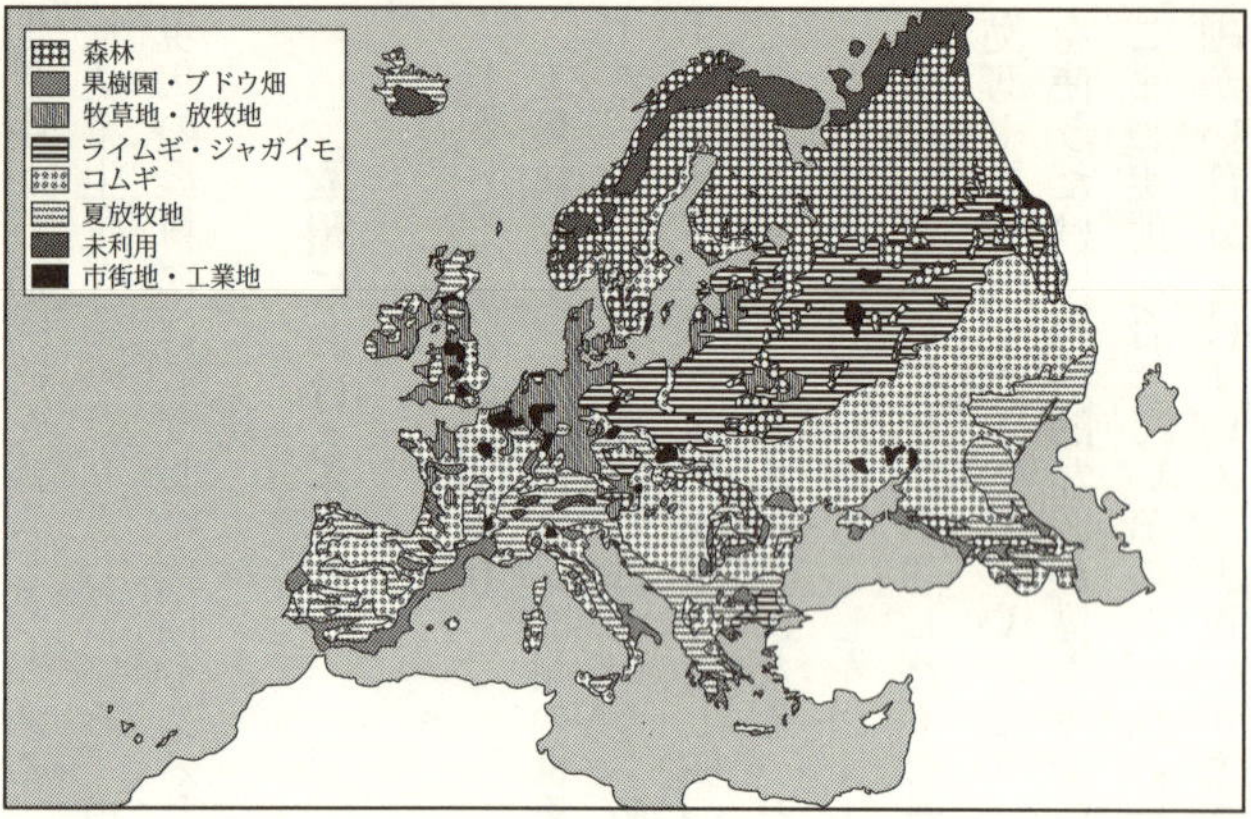

図4—5　ヨーロッパの土地利用（http://www.eduplace.com より）

欧州の農耕は、全体としては遊牧から転じたであろう牧畜の要素を色濃く映している。欧州の農耕地の相当部分は、牧草の畑として、または夏の放牧のための草地として使われており、家畜の飼養が大きな要素を占めていることが改めてよくわかる。欧州では、農耕は牧畜と不可分に結びついている。この点が、モンスーンアジアとは大きく異なる点のひとつである。牧草地はドイツからデンマークあたりと英国南部に多く、また夏の放牧地はアルプスの山麓からバルカン半島、そしてイベリア半島、さらにカスピ海の北縁に多い。

いっぽう、人の食料であるコムギはフランスや東欧、イングランド東部、イベリア半島と、東欧からロシアにかけての広大な土地に展開している。東欧におけるこのコムギ大産地は古代ギリシアの時代からの由緒ある産地である。このコムギの大産地を、ユーラシアコムギベルトと呼ぶことにしよう。ユーラシアコムギベルトの北側には、これも東西に伸びるジャガイモとライムギのベルトがみえる。そして、その北には大森林帯が東に伸び、シベリアのタイガ（針葉樹林帯）へとつながってゆく。

欧州は、モンスーンアジアなどと比べると、自然がおだやかといわれる。年平均気温も低く、降水量も多くない。植物の生育はどうしても遅くなる。アルプスや北欧の大西洋側を除けば、土地もなだらかである。火山や地震も少ない。火山活動が少ないということは、地下からのミネラルの供給も少ないということである。いきおい、落ち葉や朽ちた個体の死骸《しがい》などの量も少ない。加えて、氷河期に氷河が土壌の表層をけずりとってしまったため、土地は概してやせている。欧州ではもともと、土地は、農業生産に向いてはいなかった。

欧州の生業をその歴史を含めてざっと見渡すと、まず気づくのが、アルプスを境にした南北の違いである。南北差というと気候の違いが思い浮かぶが、話はそれほど単純ではなさそうである。以下に詳しくみてゆく。

菜食のローマ人、肉食のゲルマン人

欧州の人びとは、歴史的にみるとどのような生業を営んできたのであろうか。最近は植物考古学や動物考古学の発達で、ずいぶんいろいろなことがわかるようになってきた。ただし、考古学の手法で明らかになることはどんなモノがあったかということだけで、それらのモノがどう組み合わされ、どのように使われていたかまではなかなかわからない。そこで登場するのが、各地の民族事例や文献による歴史の構築という方法である。これだと、ヒツジがいたとかワインがあったということだけではなく、ヒツジの肉はグリルされるのが一般的であったとか、ワインは水で薄めて飲まれていたらしいことなどがわかる。ここでは、発掘によって明らかになったことのほか、聖書やヘロドトスなどの歴史書、さらには『オデッセイア』などの文学作品から読み取れる当時の人びとの生業について書いてみたい。

ピーター・ベルウッド『農耕起源の人類史』によると、欧州に農耕が伝わったのは八五〇〇年ほど前（エーゲ海沿岸）から六〇〇〇年ほど前（イギリス諸島）のことと考えられる。この農耕はいうまでもなく西アジアに起源した、ムギとマメ類、それにヒツジやヤギの牧畜を伴ったそれに由来するものである。農耕の伝播は、しかし、等速度で西へ、北へと進んだというよりは、あるところでは急速に進み、またあるところでは足踏みをしたようである。そして足踏みのひとつの要因は、先住の狩猟・採集民の存在にあるともいわれる。かといって、両者がいつも接触しあい何らかのかたちで影響しあっていたかどうかはわからない。

時代は飛ぶが、新約聖書にはいろいろな食べ物が出てくる。パン、ぶどう酒、りんご、ヒツジ、塩……。聖書の舞台であった西アジアからトルコなど、地中海沿岸地方にいた人びとの食生活の実情がうかがい知れる。登場する食べ物のなかでも、とくにパンが多いように感じられる。「人はパンのみにて生きるのではない」などの慣用句も聖書にその端を発している。

ギリシア人たちは肉食をしていた。遊牧社会に近かったたし、また土地の多くが農耕には適さなかったからであろう。紀元前の古代ギリシアの詩人ホメロスの叙事詩である『オデッセイア』には、王アルキノオスが遠来の客のために、ウシを一頭つぶし、その腿《もも》を焼いて豪華な食事を楽しんだとある。『オデッセイア』にも新約聖書にも、「羊飼い」という語がよく登場する。

いっぽう、ローマ人たちは、これとはずいぶんと違った食生活を送っていた。パン、カブ、オリーブ、ワインなどの食材の名前がみえることから、彼らの食は菜食に近いものだったようである。土地利用をみても、南欧はブドウやオリーブの果樹園芸、野菜園芸の今に至る伝統を持っている。このことには、アルプスの南に位置し、また半島の真ん中に脊梁《せきりょう》山脈が走るイタリアでは降水量が相対的に多く、植生が豊かであったことが関係しているのではないかと考えられる。

ローマ帝国はその後、ブリテン島を含む欧州の相当地域へと版図を拡大してゆく。これによって、食の分野では「エンドウ、カブ、パースニップ、キャベツなどの野菜、ブドウなどの果物」（ギース著、青島淑子訳『中世ヨーロッパの農村の生活』）が、欧州全体に広がっていった。それとともに森は次第に畑に切り開かれていったことだろう。

だが、欧州北部にはその後激動の時代が訪れる。緯度の高いこの地域では、もともと動物性の食材への依存度は植物性のそれに比して高かった。そこに、東方からの遊牧集団が移動してきた。その理由のひとつが、中央アジアに端を発する遊牧社会の再編にあったと考えておそらく大きな間違いはないだろう。おりしも、現在のドイツの南部にまで版図を広げていたローマの影響力には陰りが生じはじめていた。彼らが開いた農地は放置すれば草地となり、家畜の飼養には都合がよかったことだろう。その意味ではローマ文化の後退は、家畜の飼養には都合がよかったともいえる。やがて彼らは定住生活を営むようになるが、それでも動物性食材への依存は相変わらず高かった。彼らの食も肉やミルクに偏りがちであった。ローマ文化からすれば、「肉を食い、エール（ビール）を飲む」彼らの食は野蛮そのものであった。いっぽう、北に入ったゲルマンの人たちの目には、ローマに代表される菜食は貧乏の象徴として蔑《さげす》まれた。

パンは欧州の主食か

新約聖書には、パンの語がしばしば登場する。ブリューゲルの絵画「穀物の収穫」（一五六五）には、収穫期ころの麦畑のようすが描かれている。絵は、ある意味では写実的であるかにもみえる。ただ、そこに描き出されたおそらくコムギであろう穀類は人間の背丈ほどもあり、これが事実なら収穫は相当に多かったことだろう。さすがはパンの食文化ではある。ミレーの「落穂ひろい」（一八五七）も麦の収穫風景を描いた名作である。収穫後の麦畑で、貧しい農婦たちが文字どおり落ちた穂を拾う光景を描いたものだが、絵をよくみると農婦が拾っているのは穂や、茎についたままの穂である。農婦たちのはるか後方には収穫された麦わらがうずたかく積まれている。これらの絵をみれば誰しもブリューゲルやミレーの時代、つまり一六世紀から一九世紀の欧州におけるコムギの生産性がさも高かったかに想像するに違いない。

だが本当のところはどうなのだろうか。記録によると中世欧州では、収量倍率はたかだか数倍にすぎなかったとの研究もある。収量倍率が数倍ということは、秋に播いた一粒の種子から、春には数粒の種子しかとれなかったということを意味する。現在の日本のイネでは、その値は二〇〇倍程度である。数倍というのはいかにも能率が悪い。ウル第三王朝期のオオムギの収量倍率は、國士舘大学の前川和也《まえかわかずや》によると三〇倍に達していたという。そうだとすれば、ブリューゲルやミレーの絵の意味するところは何だろうか。

コムギやそれでできるパン食が、欧州人の主食であるかのようにわたしたちは思っている。「主食」という語をどのように捉えるかにもよるが、しかし、西洋の人びとのコムギやパンに対する思いは、日本人の米に対する思いに比べれば稀薄《きはく》である。

その理由のひとつは、欧州にはとびぬけた地位にあるデンプンの供給源が存在しないからだろう。同じコムギでも、地中海沿いの地域では、パンコムギ以外にパスタ用のコムギであるマカロニコムギが盛んに作られる。北アフリカやイタリアでは、その生産量はパンコムギをしのぐほどである。いっぽう、ロシアを中心にした欧州の東北部ではコムギに代わってライムギやライコムギが栽培される。それらは、あの独特の酸味を持つライムギパンの原料にもなる。

一七～一八世紀以降北フランスから北の北部欧州では、パンコムギとともにジャガイモが大きなウェイトを占めるようになった。英国の代表的な料理のひとつとされる「フィッシュ・アンド・チップス」はジャガイモ料理である。伝統的にみると、ジャガイモ以前には、人びとは糖質を、カブやその他の根菜から得ていた。

さらに欧州の人びとは、もともと、肉食中心の食文化を築いてきた。このことはとくに欧州の北部で顕著であった。「欧州には主食の概念はない」とよくいわれるが、その理由のひとつはこうしたところにもある。

『パンとぶどう酒の中世――一五世紀パリの生活』(堀越孝一)には、パリでさえ、一五世紀になってまだなおコムギのパンがそれほど手に入りやすい食材ではなかったと書かれている。記述の端々に、パンの値段が高いこと、その理由は主に小麦粉の値段が高騰しているためでそのために品薄になっていて手に入りにくいことなどが書かれている。要するに庶民は、コムギに、ソラマメや場合によっては雑草の種子を挽いた粉を混ぜたパンしか食べられなかったのである。こうした状況をみると、ブリューゲルの絵にある風景が、なにやら想像の世界のものにも思えてくる。

いっぽう中世に入ると欧州の人びととの間には、日本の米にも相当するような特別な見方がパンに対してもあったと阿部謹也《あべきんや》は書いている。種まきや収穫の行事には決まってパンが捧《ささ》げられたという。あるいは、中世欧州を吹き荒れた魔女に対する魔除《まよ》けとして十字の印のついたパンが捧げられた。そしてなかでも、自家製の黒灰色のパンがよいとされたと書いている(『中世を旅する人びと』)。日本が米社会であったという幻想にも似たパンに対する幻想が、欧州社会にもあったというところがおもしろい。

魚食

欧州の魚食については、研究者の間でも意見が微妙に異なるようだ。その最大の理由は、研究者のフィールドの違いが関係しているように思われる。欧州といっても範囲は非常に広く、食に関しても決して一様ではない。ドイツを中心に研究した研究者と、英国やオランダにフィールドをおいた研究者とでは、その個人としての食生活のなかに占める魚の割合も当然違ったことだろう。フランスやイタリアをはじめとする地中海諸国の間にも、大きな違いがある。

いずれにせよ魚は、地域によって大きな違いはあるが、欧州でもよく食されてきた。ポルトガルに生まれてそこで青春時代を送ったイエズス会の宣教師ルイス・フロイスも、「ヨーロッパ人は焼いた魚、煮た魚を好む」とか、「われわれは鱒《ます》をとろ火で焼き、または煮て食べる」と書いている（ルイス・フロイス著、岡田章雄訳注『ヨーロッパ文化と日本文化』）。魚は欧州の内陸でもよく食べられる。わたしは数年間にわたり、ベルリンの西郊外のポツダムに旅するチャンスが幾度かあった。ベルリンの周辺はドイツでも比較的水の豊かな土地で、町の周辺には湖も多い。魚料理も豊富で、ランチのおりにはよく魚料理を食べてみたが、おそらくはサケの仲間で身は白身、味も淡白でなかなかうまかった。南欧ギリシア北部の町テサロニキの町でも、マーケットには必ず魚を売る店があったし、多くのレストランでは魚やイカのソテーがメニューにあった。少なくとも地中海に近い南欧や大西洋岸の地域では、海の魚の漁獲や魚食文化はそれなりに盛んといってよいだろう。

現在の欧州でも、魚が食卓によくのぼる。思いつくだけを挙げても、英国の「フィッシュ・アンド・チップス」、北欧の「ニシンの塩漬け」やシュールストレミングと呼ばれる発酵ニシンの缶詰、南欧の「ブイヤベース」など枚挙にいとまがない。他の地域でも魚食の文化が広く認められる。

しかし欧州の魚食といえば、なんといっても北海から北大西洋にかけてのニシン漁、タラ漁である。千葉工業大学の越智敏之《おちとしゆき》は『魚で始まる世界史』で、ニシンやタラが欧州社会の発展にかかわった歴史を興味深く描き出している。それによると、ニシンははらわたを抜いた後塩漬けにした「塩漬けニシン」として流通した。それは、バイキングの盛衰や一二世紀ころの商業同盟に端を発した「ハンザ」の発展に大きく貢献した。また一五世紀の「ニシン漁は、オランダにとってはほとんど国家事業」であったという。タラもまた、人びとの動物性タンパク源であるとともに、その漁獲、加工、運搬は欧州と新大陸との間の政治的な関係に影響を及ぼすほどの力を持つまでになった。欧州でも、魚食は地域によりヒトのタンパク源としての重要な位置を占めてきたのである。

このように、回遊魚の存在は、ユーラシア東岸におけるサケとニシン、西岸におけるニシンとタラにみられるように、そこに成立した社会やその食の文化、さらには大陸をまたいだ交易や流通にまで影響を及ぼしたのである。とくに西岸の漁獲は、大西洋をまたいだ新大陸を含めた地域の交易圏を確立させたといってよいだろう。漁獲の文化は、食文化の充実ではなく、海の覇者としての西欧州の文化の礎を築いたといえる。

それにもかかわらず、欧州の多くの地域では日本で考えられているほどに魚食は盛んではない。和辻哲郎の名著『風土』の一節には、「地中海は痩《や》せ海」という語が出てくる。地中海が、食物連鎖に乏しく、磯《いそ》の香りもしない海だといっているのだが、その指摘は先に掲げたいくつかの事実にもかかわらずおおむね正しい。というのも、アジア夏穀類ゾーンにおける魚はその主力が淡水魚であって、しかも水田という米の生産の場を舞台に生息してきたのに対して、欧州の魚食は古い時代から海の魚のウェイトが相当高く、ムギやジャガイモとの間に同所的な生産がみられないからである。

ところで魚食に関係してガルムについても書いておこう。ガルムとは古代ローマにあった魚醬のことだが、朝日新聞社の大村美香によると、イタリアには南部ナポリの郊外に「コラトゥーラ・ディ・アリーチ」と呼ばれるカタクチイワシの魚醬もある。魚食あるところ魚醬あり、ということだろうか。他の魚食地域での調査が待たれるところだが、魚は足が速い。究極の食の文化がユーラシアの西端にもあるのはたいそう興味深い。

天然資源としては、ユーラシアの東の魚と同じ生態的位置にあるのが西の野生動物であるといってよいだろう。狩猟は野生動物を対象としたもので、対象となった動物は多岐に及んだ。

またその歴史は当然古く、農耕開始以前からの主要な生業のひとつであった。紀元後の欧州でも、狩猟は広く行われてきた。その後二〇〇〇年近くの間、欧州を思想的に支配してきたキリスト教が食に対してはあまり強いタブーを敷かなかったこともあり、水田稲作が広まってからの日本社会のような「四つ足動物」に対する禁忌のような考え方はそれほど強くはなかったようだ。もちろん禁忌がまったくなかったわけではなく、金曜日には肉食を禁じ、あるいは自制して、その代わりに魚を食べるという習慣はつい最近まで生きていたようである。

ジャガイモ、欧州に来る

ユーラシアの西部、欧州では糖質の供給が貧弱であったことは先にも書いたが、この糖質摂取を飛躍的に改善したのがジャガイモの渡来であった。ジャガイモは南米のアンデス山中で栽培化されたナス科の多年草で、大航海時代の幕開きとともに、タバコ、トウモロコシ、トウガラシなどとともに伝わった。そしてジャガイモはとくに欧州の北半分の土地に急速に広まり、人びとの食を支えるようになった。土壌や気候が、ジャガイモの栽培に適していたのだろうか。

先に述べたように、作物を含めた植物は東西方向には比較的簡単に伝わるものの、南北方向へはなかなか伝わらない。その主な理由は日長時間の変化にある。もちろん温度変化も大きいが、植物にとっては日長時間の変化は開花の時期を変えたり、ときには花を咲かせなくなったりするので、より影響が大きいのである。

ジャガイモとてこの例外ではない。欧州を北に向かって進む間に、開花の時期はおそらくどんどん遅れていったことだろう。だがジャガイモの場合、人が利用するのはその地下茎である。地下茎の部分は、また、繁殖にも使える。イネのような種子作物とは違い、ジャガイモの場合、芽をつけた地下茎で運ばれ、繁殖することができた。だからこそ、緯度線をまたいで北へと移動が可能だったのであろう。当時ジャガイモがどのようにして運ばれたか詳細がわかっているわけではないと思われるが、地下茎による繁殖がふつうに行われていたであろうことは想像に難くない。

種子繁殖する植物では、世代交代のたびに両親の遺伝子を組み換えて常に新しい遺伝子型の個体が生まれる。新しい遺伝子こそ生まれないものの、新しい組み合わせが生まれるのである。そして、それらが新しい環境におかれたとき、その環境に適するものが残り、他は淘汰されてゆく。いっぽうジャガイモのように栄養繁殖をする植物では、子は親のクローンになる。環境が変わろうとも、遺伝子型には何の変更もおきない。ジャガイモが欧州を北へ北へと進む間に、北部の気候や土壌に合うものだけが残されていったのだろう。当然、遺伝的な多様性は小さくなる。それが海を越えて英国やアイルランドに達したときには、ごく限られた遺伝子型のものだけが残されていたことだろう。

この均一化したジャガイモを襲ったのが、一九世紀なかばの「ジャガイモ飢饉」であった。当時のアイルランドでは、ジャガイモの栽培が大流行し、他の作物は次々と淘汰されていた。

そんな社会を襲ったのがジャガイモにつくジャガイモ疫病という病気だった。ジャガイモの生産は、一八四五年から一八四九年にかけて大きな打撃を受けた。ジャガイモの代わりをする救荒作物を奪われていた社会は、大量の餓死者を出した。社会は崩壊し、ジャガイモの生産が疫病から回復してもなお、その機能を取り戻すことがなかなかできなかった。大量の移民が発生し、アイルランドの人口が危機以前の水準に戻ることはなかった。

この事件は、社会が農業生産の多様性を失ったときに何が起こり得るかを示す事例として随所で紹介されている。多様性の喪失が、いかにリスクを増大させるか――そのとおりだと思う。しかし、こうした警鐘は、社会にはなかなか受け入れられない。一度災害に遭い、その痛みを身にしみて知っている人びとには、警鐘は共感をもって受け入れられるものの、そうでない人、たとえば次世代の人びとには警鐘はその心を打たない。経験の伝達はどのようにすれば行えるのか。それが、被災した後の社会全体の課題ではないかと思われる。

ジャガイモだけではなかった。この時期に新大陸から来たトウモロコシ、トマト、トウガラシなどはその後の欧州はじめ世界の食を大きく変える契機となった。トマトは、とくにイタリアなどの地方料理に欠かせない食材にまでなった。またトウガラシは、欧州からアジアにも渡り、今では世界を代表する香辛料としての地位を獲得したのである。

欧州における「野生」の位置

食のタブーの多くが肉食に向けられたものであるのに対し、それとはうらはらにいっぽうでは肉食に対する強い嗜好性を示す社会がある。遊牧社会や高緯度地帯の狩猟民はその典型的な社会であるし、また欧州でも一部の地域を除くとその傾向が強い。肉食そのものに対する禁忌もなければ、肉食を排除して植物性の食材を主体に高い人口支持力を維持する生態基盤もない。肉食に対する心理的な要因があるとすれば、一六六頁に書いたように、資本である家畜の頭数を減らすことに対する躊躇からくるものくらいであろうか。

欧州でも、肉食に対する親和度は、わたしたちモンスーンアジアに住むものにはびっくりするほどのものだと、鯖田豊之《さばたとよゆき》は書いている。日本の食は一九六〇年代に入って西欧化が進んだが、それはあくまで西欧「化」であって、日本人の肉食は、「ヨーロッパ人やアメリカ人に比べると、ままごとのようなものでしかない」（『肉食の思想』）というのである。

この考えを裏付ける例として、鯖田は仏文学者であった竹山道雄《たけやまみちお》の『ヨーロッパの旅』を引用している。

「あるときは頸《くび》で切った雄鶏《おんどり》の頭がそのまま出た。（中略）あるときは犢《こうし》の面皮が出た。青黒くすきとおった皮に、目があいて鼻がついていた。（中略）兎の丸煮はしきりに出たが、頭が崩れて細い尖《とが》った歯がむきだしていた。いくつもの管がついて人工衛星のような形をした羊の心臓もおいしかったし、原始雲のような脳髄もわるくはなかった」（『ヨーロッパの旅』）

肉食中心か菜食中心かという食生活上の違いは、社会やそこに住む人びとの生活習慣の違いを越えて、生態系に対する考え方——環境思想——や生命に対する考え方——生命観——の違いにも深く影響を及ぼしている。どんな社会にでも、食材には序列がつけられていた。人類史の初期にあってはうまさや甘さなどの要素が効いていたことだろう。しかしその後、希少性や社会的に規定された序列が重要視されるようになった。キリスト教以後の欧州では、植物にあってはコムギを頂点とし、他の麦類やソラマメなどマメ類がこれに続く序列があった。先に述べたように、森山軍治郎はフランスの民族誌に現れるクリについて触れ、それは貧しい人びとの食と位置づけられていたといっている。動物質の食材にあっては、ヒツジを頂点とする家畜が尊ばれ、野生動物たるジビエの地位は低かった。魚はその例外だが、その魚にも序列があったようである。このような序列化は、文明と野蛮とを対比させる食の思想の産物といってよいだろう。そしてこうした序列が形成されてゆく背景には、植物性の食材も動物性のそれも、どちらも人が作ったものであるという風土的基盤があることを忘れるわけにはゆかない。

よく、麦農耕ゾーンに展開した一神教がこの地域の思想や文化に大きな影響を及ぼしているかのようにいわれることがあるが、わたしはそうとばかりはいえないと思う。むしろ、食を中心とする風土的基盤が宗教の性格を決めている。同様に、天然資源である野生の動植物の大きな多様性の夏穀類ゾーンの人びとは、自らのいのちが自分の力及ばない「自然」に支えられていることを身をもって知ってきた。それだからこそ、身の回りのあらゆるものにカミをみた。多神教の思想は、ここからきているといえると思う。

このように麦農耕ゾーンでは、糖質はムギやジャガイモから、またタンパク質は家畜から得るという食のシステムが二〇〇〇年以上前から続いてきた（ジャガイモは数百年まえから）。神が人のために作りたもうた作物や家畜を食べることが、正しい食べ方であった。野生生物は、今でこそジビエなどと呼ばれて受けいれられてはいるが、すすんで食べるべき食材ではなかったのである。

第五章　三つの生業のまじわり

農耕文化と遊牧文化の対立

因縁の対立

本書では「三つの生業」をことさらのように強調したが、生業はなにもこの三つに限られたものではない。そして、この世に暮らす誰もが、自分やその社会を「農耕民」（あるいは農耕社会）、「遊牧民」（遊牧社会）などと型にはめて考えることはない。典型的な農耕民族といわれる現代日本人でさえ狩猟や採集のまねごとはするし、それに、現代日本社会で農耕を本業に暮らしている人は全人口の一割に満たない。このように生業とはもともとがフレキシブルで相互に依存的、補完的なものである。

このように三つの生業は常に相互補完的・相互対立的でありつづけてきた。相互に補完的でありながら対立的でもあるという、一見矛盾するかにみえるこの関係こそが、生業の本来の姿——食べるために生き、生きるために食べる行為の本質なのである。とくに農耕文化と遊牧文化は、二つの文化が接するところ、世界のいたるところで鋭く対立してきた。対立は、ときには激しく、ときには静かに、しかしずっと続いてきたといってよい。

遊牧の起源地は麦農耕の起源地と重なっている。麦農耕が、もともとは遊牧の要素をそのなかに包含していたともいわれている。だから両者は対立しつつもどこかで親和的であった。なにしろ、現在の麦農耕ゾーンの牧畜が扱う家畜たち、ヒツジ、ヤギ、ウシなどはみな遊牧文化由来なのであるから。しかし、モンスーンアジアで生まれた夏穀類の農耕はそうではない。この農耕は群れ家畜の飼養を伴わなかった。だから、遊牧と出会ったときの農耕文化は一種のショック状態にあったといえる。両者は、出会ったその直後から、構造的で本質的な対立関係を芽生えさせたとしてもおかしくはない。

対立軸のひとつが、土地の所有や使用のあり方をめぐっての対立である。農耕とは、少なくとも作物の生育期間、ある面積の土地を耕作者が占有する生業である。農耕技術が進むと、灌漑施設を作ったり肥料を施したりと、土地に対する資本投下が行われる。灌漑施設には、水路や貯水池なども含まれ、農地ばかりか周囲の広大な土地に資本が投下される。投じた資本は回収されなければならない。加えて、人びとの心には囲い込んだ土地への「愛着」がわく。

種子を播いてから、あるいは苗を植え付けてから収穫までの間、土地を離れるわけにはゆかない。だから、農業の拡大は必然的に定住化を推し進めることになる。作物を植え付けたまま放置すれば第三者に収穫物を奪われてしまう。この第三者には野生動物や家畜の群れが含まれる。そして家畜の集団が農作物を奪いに来るケースが、農耕民と遊牧民の構造的な対立関係のもとになる。ただし、「奪いに来る」という論理は農耕民の論理である。

遊牧社会には遊牧社会の論理があった。彼らの側からすれば、農耕社会が土地を囲い込んで自分たちの家畜の侵入を妨げることこそ横暴なのだ。遊牧民には、土地を物理的に支配するという考えはない。他人の家畜を奪うことははばかられても、ある土地から他人を追い出すのは正義に反することではない。農耕民にとってこじつけともみえるこの論理は、しかし、立場を変えて考えればある意味まっとうである。常識的に考えていかにも非常識な意見は、原理が変われば、あるいはパラダイムに変更がおきればごくまっとうな意見になる。

遊牧社会が、たんなる遊牧民の集団の寄せ集めであったなら、それに対する対応も、家畜の群れを追い払う程度のことで済んだかもしれない。しかし遊牧文化は騎馬を得て機動力を増し、さらに軍事化してのちに遊牧文明といわれるまでに発展した。そして周辺の農耕民の社会や国家との間に大きな軋轢《あつれき》を引き起こしていた。互いに相容《あいい》れない論理がぶつかったとき、両者は正義の旗を掲げつつ力をかけて争うことになる。こういう場では、正義は理屈ではなく力なのである。

中国の農耕社会は遊牧民の国家に「匈奴《きょうど》」の字をあてるなどして、怖《おそ》れ嫌ってきた。そして万里の長城を築くなどして遊牧民とその家畜の侵入を防ごうとしてきた。遊牧という生業の論理に対抗するために、中国の農耕社会は強大な国家を作ってこれに対抗しつづけてきた。いやそうせざるをえなかったのである。日本でもまた、「匈奴」の字をそのまま借用して学校教育にも用いるなど、遊牧文化に対する目は一貫して厳しかった。

しかし、中国の歴代王朝が純粋に農耕社会の王朝でありつづけてきたかというとそうではない。京都大学の杉山正明《すぎやままさあき》がいうように、歴代皇帝のなかには明らかに遊牧民の出自を持つものもいて、両者が一本の線で地理的に棲み分けているわけではなかった。二つの勢力がある一本の線の向こう側とこちら側とでにらみあうという、単純な図式が成り立ったわけでもなかったのである。

二つの勢力の争いは、この何千年間、一進一退を繰り返してきた。どちらかが完全勝利を収めることはなかった。二つの文化はいがみあい、抗争を繰り返しながらも、一方では互いに依存しあうというじつに不思議な関係をたもちつづけた。

ほかにもあった二つの文化の反目

遊牧民と農耕民の対立は、ユーラシア大陸のいたるところでみられた。いや、それは、農耕社会と遊牧社会が接する接点の数だけあったというべきであろう。だからそれは当然ヨーロッパにもあった。ヨーロッパ社会は、アジア社会に比べると、農耕に対する依存度は相対的に小さかったが、それでも二つの文化はずっと相反的でありつづけてきた。旧約聖書の世界に即していえば、対立は「カインがアベルを殺して以来」のものである。

対立のひとつの軸は食やその文化をめぐるものだった。同じものを、同じように食べることは、社会のなか、あるいは家庭のなかでの構成員の団結を図るひとつの方法である。文字どおり「同じ釜《かま》の飯」を食うのである。紀元直後には、肉食か菜食かをめぐる文化対立が南北欧州間にみられたと書いたが（第四章二〇九頁）、この対立は南北間のみならず北部欧州内でも、たとえば今のドイツ内にもみられた。いや、対立は地図の上に示せるようなかたちで、どことどこの間でおきただけではない。それは同じ地域、あるいは同じ集団あるいは共同体にもおきた。だから対立が深刻だったのである。わたしがここで生業間の対立といい、文化の対立とことさらにいうのはそのためである。

欧州での二つの文化の対立は中世にも続いていた。欧州、とくに北部欧州は、ゲルマン以来、肉食、ミルク摂取を中心とする遊牧文化の伝統を受け継いできた。定住と土地の占有を旨とする農耕文化のなかにも遊牧文化の影響が入り込んでいる。彼らには農耕の要素は欠かせなかった。ひとつには人のエネルギー源として。そしてもうひとつは家畜のエネルギー源として。

ところで欧州には「ノマド」という語がある。この語は最近でこそ「ノマドワーキング」などポジティブな意味でも使われるようになってきたが、もともとは放浪者という差別的な意味を持つ語であった。とくに中世までの欧州では、日が暮れ夜のとばりが下りると、城門の外の世界は魑魅魍魎《ちみもうりょう》の世界と考えられていたようだ。農民の目には、遊牧民たちは「何か不気味な精霊や悪霊がとりつい」た、自分たちの世界とは異質な魔術的能力が授けられていた人びとにみえた（阿部謹也『中世を旅する人びと』）。教会にも行かず、文字も持たない生活の様式や生き方、つまり家畜の群れとともに放浪を繰り返す、わけのわからない連中だと都市や農村にいる人びとはみてきたのである。対立の第二軸は土地利用や社会制度のあり方、さらには思想や宗教観をめぐる対立である。むろんそのベースにあるのは、定住して農耕を営む暮らしと家畜の群れを追って動き回る遊牧の暮らしという、対極的暮らしのスタイルにあったことはいうまでもない。

農耕民が遊牧民たちのふるまいに頭を悩ませる歴史は、すでに今から四〇〇〇年ほど前のメソポタミア文明の時代にも認められる。前川和也によると、ウル第三王朝の最後のころには、王権はその力を次第に失い、さまざまな問題が王朝の経済的な基盤を揺るがすようになっていた。その理由のひとつは耕地の土壌の塩性化であった。メソポタミアではこの時代すでに、耕地の多くは地域を流れる二つの大河であるチグリス川とユーフラテス川からひいた水で潤されるようになっていた。灌漑である。それまで、春先の雪解け水による両河の洪水で潤されていた土地だけに広がっていた耕地は、灌漑の普及により大きく展開した。この土地で栽培されたコムギ、エンマーコムギやオオムギが文明を支えていた。

ところがここで問題がおきた。不適切な灌漑によって、農地が塩を噴くようになったのである。前川によると、粘土板に楔形《くさびがた》文字で記載された文書から、栽培される穀類は、わずか二五年の間にコムギからオオムギへと大きくシフトしているという。前川はこれが、土壌が塩を含むようになり、塩類に対して比較的抵抗性のあるオオムギしか作れなくなっていたためではないかと考えている。塩類の集積が激しい土地は放棄され、新たな農地が開かれてゆく。しかし新たに開かれた農地もやがては塩害により使えなくなる。このようにして使えなくなった土地がどんどん広がり、地域全体での農業生産が落ちていったのだろう。塩害は、王朝の経済基盤を確実に弱めていった。それと同時に、周辺に広がる乾燥地で勢力を張っていた遊牧民たちの台頭が目につくようになる。メソポタミアの王権は、侵略に常に頭を悩まされるようになったのである。

塩害のために放棄された農地は、家畜たちにはさほど悪い土地ではない。塩類は、ヒトを含めた動物には欠かせない物質である。植物にとっても同じで、肥料も、化学的には塩類に属する。ただし、好適な塩分濃度は動物と植物とでは異なっている。一般に動物は、植物に比べて、高い塩類濃度を要求する。このことを反映して、塩性土壌に対する耐性は、家畜が作物よりずっと高い。遊牧社会は農耕社会より、塩性土壌に対する高い耐性を持つともいえるのである。塩害の亢進《こうしん》と遊牧民の勢力拡大という二つの現象はたまたま生じた二つの現象なのではなく、あい伴っておきた現象である。

二つの文化の現代的対立

二つの文化の対立は、少し形を変え、資源の取り合いというかたちで現代にも続いている。二〇一一年現在、世界の人口七一億人が、年間二四億トンの穀類を分けあっている。一人当たりに直せば三三〇キログラム強。一〇〇グラムの穀類を三六〇キロカロリーとしてカロリー換算すると一日一人当たり三三〇〇キロカロリーほどになる。何をもって必要量というかはともかく、この値は必要量を大きく超えている。ところが現実世界には数億人もの飢えた人びとがいる。その数は世界の人口の一〇パーセントにも匹敵する。慢性的な食料難が、乾燥・半乾燥地帯を中心とする地域全体を襲いつづける。そこでは、今日の食べ物がないばかりに命を落とす乳幼児がひきもきらない。

余剰ともいえる食料が生産されているいっぽうで、一〇パーセントもの人口が飢えているとすれば、余剰な分はどこに消えてしまったのか。その最大の理由は、おそらく、相当量の食料が家畜の餌に回されているからである。このことを端的に表すのが次の数字である。世界三大作物のうち、トウモロコシのシェアが二六パーセントである。しかしこのうちの一六パーセント分が、家畜の餌になっている。トウモロコシの生産量の約六割が家畜の餌になっているということである。つまり、本来は人間の生命を支えるために生産されてきた穀類が、家畜の餌として使われている、ということである。

牛肉や豚肉の生産には、その重量のおよそ一〇倍の穀類を必要とする。一キログラムの肉を生産するのに一〇キログラムのトウモロコシが必要、というわけだ。人びとが肉食をすればするほど、見かけの穀類の消費はぐんと増える。現代の食肉の生産は、われわれ人類自身の食との競合の上に成り立っているとさえいえるのである。欧州などでは、家畜の餌に、穀類でなく牧草を使っているところもある。しかしこの場合でも、農地が牧草の生産に使われるわけだから、土地の利用をめぐって一種の競合関係にあることに変わりはない。つまり現代文明は、家畜の飼養に人間の食料の一部を回し、あるいは食料生産のための土地を、家畜の飼料生産に回している。本来、大型家畜の飼養は、農耕地としては使えない草地を利用することで行われてきた。その限りでは、家畜の餌と人間の食料が競合することはなかった。中世欧州の三圃《さんぽ》式《しき》農業でも、家畜の飼養の主要な部分は休耕地を利用して行われていた。この場合にもやはり、餌と食料の競合はなかった。

さらに最近、トウモロコシはバイオ燃料の原材料としても使われるようになってきている。いまや人間の食料、家畜の餌、エネルギーの原材料という用途が三つどもえになってトウモロコシの取り合いをしているのである。そしてそのしわ寄せは、生態的な基盤の弱い乾燥地や半乾燥地に住む人びとに集中的に現れている。人びとの食料として生産されてきたわずかばかりのトウモロコシが、先進国に住む人びとの「安い肉」のために、また、バイオ燃料のために使われてゆくからである。「環境にやさしく」あろうとする人びとの心もちは、ときとして途上国の人びとのいのちには厳しい。このように、遊牧文化に端を発する大型の哺乳動物のミルクや肉を利用する食文化は、乾燥・半乾燥地域の主に農耕民との間に対立を引き起こしつつある。この対立は従来の対立とは異なり、誰と誰とが対立しているのか、なかなか見えづらくなっている。また、家畜の飼養に使われるトウモロコシの量は近年さらに増えてきている。先進国における生産性の高い家畜の飼養そのものが、農耕との間でトレードオフの関係を深めつつある。

交易の担い手としての狩猟・採集民と遊牧民

交錯する生業

ラオスの山中を旅しているときだった。とある集落で洗濯にいそしむおかみさんたちに出会った。通訳を通じての会話だったが、おかみさんたちの発する言葉には、集団のなかの分業、ことに男女の分業の要素が如実に表れていた。彼女らは、夫たちが「イノシシを仕留めてくるから」と、空気銃を持って山に入るのをとらぬ狸《たぬき》の皮算用とばかり冷ややかな目でみながら、野菜を作り川海苔《かわのり》を採って暮らしをたてている。狩猟は一種の賭《か》けごと、いつもうまくゆくわけではない。しかしむろんイノシシの肉にはありつきたいので、口だけは立派なことをいって朝出かけてゆく夫たちを、多少の期待はしながら送り出しているのだ。人類が雑食であり、また本来移動する志向性を持った動物であることを考えれば、それも道理である。生業と生業との間のファジーな境目は過去にはもっとファジーだった。生業は、もともとは今よりはるかに相互補完的で融通が利いていたことだろう。

ところで、生業やその文化は誰が作り誰が運ぶのか。日本の例でいえば、稲作文化は誰の手で日本に運ばれたのか。この問いに対する従来の見解は、朝鮮半島から、水田稲作を持った人びとが九州などに渡来したのが水田稲作のおこりで、そこで日本列島は弥生時代に入ったというものであった。その後水田稲作は列島を東に進んだが、その過程はおくとして、半島からはその後も大量の人びとが渡来し、先住の人や文化と混じりあいながら日本文化を形成したというわけである。この説はのちに日本人二重構造説という名で、その命名者の埴原和郎《はにはらかずろう》の名とともに広まっていった。このときから日本の水田稲作は、半島からの渡来民の手で運ばれたと、多くの人びとが考えるようになったのである。

しかしその後、日本人二重構造説にはいくつもの疑問が出された。北部九州のいくつもの遺跡から、縄文文化をもつ人びとが水田稲作に従事していたと考えざるをえない例や、旧来の縄文文化を支えた人びとと新興の水田稲作文化を支えた人が一緒に埋葬された例などが相次いで発見された。さらに縄文式の土器が朝鮮半島でもみつかり、もはや半島、列島という線引きには意味がないとまで考えられるようになりつつある。とすると、九州に水田稲作を持ち込んだのが渡来民であると特定して考えなければならない理由はもはやない。それは九州在住の縄文人だったかもしれないし、両者の混成部隊だったのかもしれない。

オーストラリア国立大学のピーター・ベルウッドは、その名著『農耕起源の人類史』で、

「ヒトの集団が、農耕やその文化、言語などを伴って伝播した」という「同時拡散モデル」を提唱している。ややわかりにくく思われるが、「日本列島へ水田稲作をもたらしたのは誰か」、という問いに置き換えてみるとわかりやすい。イネや稲作だけが単独で伝わってきたわけではなく、水田稲作の技術を持った人びとの集団が水稲と水田稲作を持ってきた、と考えるのが「同時拡散モデル」である。このように考えれば同時拡散モデルはたいへんわかりやすいが、今の例に即していうならば、たとえば列島に住んでいた集団（縄文人の集団）が、半島に水稲の種子と水田稲作の技術を取りに行ったと考えることも十分可能である。

コムギの伝播に関しても同様の可能性がある。黄河文明の後半に人びとの生命と暮らしを支えることになったコムギは、どのようにして黄河流域に運ばれてきたのだろうか。今まで、農耕の起源や拡散の研究は、もっぱら、農学の守備範囲とされてきた。現代農耕では穀類農耕が優占し、穀類の研究が中心になることにはそれなりの合理性はある。このことに関係して、作物の伝播に関して書かれた本や論文は農学の立場から書かれてきたものが圧倒的に多い。農学研究者たちは、コムギが農耕民によって運ばれてきたと考えてきたが、そのモンスーンアジアへの伝播は、次に述べるように中央アジアに展開した遊牧民の手によってであった可能性が高いとわたしは考えている。

コムギを運んだ人びと

わたしのこの仮説を裏付けるかのような事実がいくつかある。ひとつ目は、発掘されるコムギの遺物の出方である。中国の各地におけるコムギの出現については、最近では研究がだいぶ進んでいる。その結果を中国社会科学院の趙志軍《ちょうしぐん》がまとめているのでそれを紹介しておこう。趙によると、中国の中原《ちゅうげん》、つまり黄河の下流域にコムギが入ったのは、今から四〇〇〇年ないし四五〇〇年くらい前のことである。山東省日照両城鎮遺跡や膠州趙家荘遺跡などからは今から四六〇〇─四〇〇〇年前のコムギの種子が出土している。中原に入ると、河南《かなん》省二里頭《にりとう》遺跡では三九〇〇─三五〇〇年前の、また殷墟《いんきょ》遺跡からは三四〇〇─三〇〇〇年前の種子が出土している。いっぽう、中国の西方にあたる新疆ウイグル自治区における最古の考古資料は、新疆ウイグル自治区の小河墓遺跡で発見されたもの、おそらくは一番古くて今から三五〇〇年ぐらい前のものになる。つまり現在の数字をそのまま虚心坦懐《きょしんたんかい》に眺めると、中国におけるコムギの初見は、東にゆくほど古く西にゆくほど新しいともみえる。中国の研究者のなかには、コムギは中国で生まれたものではないかという極端な説を出す者もいるほどである。

むろん「コムギ中国起源説」を受け入れることはできない。さまざまな分析の結果、パンコムギがはじめて生まれたのはトランスカフカスからカスピ海の南の地域であるということにほぼ間違いないからである。コムギは、起源地たるカスピ海あたりから、どこを通って中国に入ったのか。教科書には、コムギが中央アジアからパミル高原を越えてタリム盆地に入り、そこからさらに東をめざすいわゆる「シルクロード」経由で中国に伝わる経路が描かれている。タリム盆地から東は、いわゆる河西《かせい》回廊を通るルートが想定される。河西回廊とは、黄河の上流域にあたる蘭州《らんしゅう》あたりから敦煌《とんこう》に至る東西に延びる細長い土地で、長らく、東西を結ぶ交通の要所であった。その長さは一〇〇〇キロメートル近くにもなる。回廊は、その南に位置する祁連《きれん》山脈から流れ出る河川が作る扇状地をつないだ扇状地列でできている。水が使える扇状地列が回廊にあたるのだ。回廊の南はところによっては四〇〇〇メートルを超える祁連山脈の山々が連なって交通の障害になっている。いっぽう北は、乾燥の厳しい砂漠になる。回廊は、高さという制約、水という制約が作った自然の回廊である。

従来の説によると、コムギはこの細長い回廊を西から東へと進んだことになっている。コムギがその農業とともに、農耕民の手で運ばれたというなら、河西回廊以外の経路は考えがたい。だが、もしコムギの運び手が遊牧民だったとすればどうだろうか。遊牧民たちは、地べたを這《は》って一歩一歩移動する農耕民とは違って、短い時間に長距離を移動することができる。とくに騎乗という技術を手に入れてからの彼らはその移動能力を飛躍的に高めた。むろんコムギの拡散は遊牧文化が騎馬の技術を発明するより前のことだ。コムギの初期拡散を騎乗する人びとの手にゆだねることはできないが、それでも、第二波、第三波の伝播には騎馬文化が関与した可能性は十分にある。初期拡散についても騎馬文化以前の遊牧民による拡散の可能性は十分にありえたことである。

農耕民と遊牧民の動きの違いは、将棋に譬《たと》えていうなら、金銀と飛車角の動きの違いにあたる。農耕民たちは、基本的には作物を植えつつ一歩ずつ移動するが、遊牧民にはそうした志向性はない。もしコムギが農耕民に運ばれたのなら、「西から東」とか「東から西」という議論に意味はあるが、遊牧民が運んだのなら、そういう議論は何の意味も持たなくなる。

遊牧民がコムギを伝えたのではないかと推論する理由がもうひとつある。それは、遊牧民たちの世界観である。遊牧民たちはユーラシア中央部の地理を、かなり古い時期からちゃんと知っていた。遊牧民の個々人がなにかを知っていたというより、社会の構成員が持つ共有の知であったと思われる。遊牧文化は、文字の記録を自身でほとんど残さなかった。だから、歴史学は今まで、彼らの役割を軽視、いやほとんど無視してきた。だが当時、西にはメソポタミアやペルシア、さらに時代が下ってギリシアや古代ローマがあったこと、そして東には古代中国の文明があったこと、そしてパミルの山々を越えた南にインダスの文明があったことを知っていたのは中央アジアの遊牧民のネットワークだけだったと思われるのである。

中国におこった文明は、南ではイネを擁し、また北ではキビやアワなどの雑穀を擁した。要するに中国の文明はもとはといえば夏穀類が支えた文明であった。ところが黄河の文明はその後突如としてコムギを受け入れるようになる。

当初、コムギは中国ではなかなか定着しなかった

中国に伝わったばかりのコムギとその食文化は、しかし、最初のうちは社会に受け入れられ

なかったようである。趙志軍は、古い時代の文献をひいて考察を加えている。彼の説明に沿って解説を試みる。

まず、『礼記《らいき》・月令《がつりょう》』に、「仲秋之月……乃勧種麦、毋或失時、其有失時、行罪無疑」とあって、秋にはコムギの種子を播くことが義務づけられ、それに違反したものは罰せられることが明記されている。国によってコムギの栽培がなかば強いられていたというのだ。つまり趙は、コムギの栽培がトップダウンで決められたものだという。当時中国ではアワ、キビなど夏穀類が栽培されていたが、コムギの導入には相当の抵抗があったことだろう。

人びとは、コムギをあまり上等な食料とは考えていなかったようだ。趙はその根拠として、ひとつに紀元一世紀に編まれた『論衡《ろんこう》』にある「稲粱之味、甘而多腴。豆麦雖糲、亦能愈飢。食豆麦者、皆謂糲而不甘、莫謂腹空無所食」の記述によっている。「米や雑穀はうまいが、コムギやダイズは飢えをしのぐだけのいわば救荒作物だ」、くらいの意味だろうか。ほかにも、「コムギの押し麦（またはひき割りのコムギのことだろうか）など、軍の支給品の残り」という『三国志』の記載や、あるいは唐《とう》代の文書に、コムギの押し麦を食うなど「親を失ったときにその悲しみを表すのに自傷するのと同じくらい苦痛なこと」という記述があるとしている。このような記述が真実であるなら、中国社会がコムギの文化を受け入れるには、当初かなりの抵抗があったということを意味している。中国の社会がコムギを受け入れるのには相当の時間とエネルギーを要した、ということなのかもしれない。

コムギが受け入れられなかった理由はほかにもあるだろう。製粉の技術がそれほど発達していなかったその時代、ふすまの部分を取り除くことが困難でよい小麦粉ができなかった、ということもあるのかもしれない。それになにより、コムギの文化は外来の文化であった。それも、遊牧社会の文化、遊牧民の食べ物である。農耕社会がそれを受け入れるには相当の抵抗があったと考えるのが自然である。コムギの文化が、こうしたややこしい背景なしに入ってきたものであったなら事情はまた違っていたことだろう。

中国の社会がコムギを受け入れるまでには紆余《うよ》曲折《きょくせつ》があったと考えなければならない。それは、日本の社会が水田稲作を受け入れるのにやはり一五〇〇年近い時間を要したのと、ある意味同じである。さらに欧州北部がジャガイモを受け入れるのにやはり長い時間とその間の文化摩擦を経験したのと、まったく同じなのである。食の文化の浸透には、これほどの長い時間を要するのだということを、わたしたちはもっと知っておく必要がある。

融合した二つの文化

牧畜という生業

牧畜とは、家畜の飼養によって生計をたてる生業をいい、遊牧を含んで考えるのがふつうである。つまり、機能の面からいえば遊牧は牧畜の一部と考えられている。たしかに家畜を飼いそのミルクや肉などを得る生業は今では牧畜の語で総称され、強い遊動性《モビリティ》を持つ遊牧は、そのひとつの形態であるかにみえる。現代の牧畜は、家畜を固定した畜舎で飼うケースと、ある決まった土地に家畜を放して飼育する放し飼いとに分けることができる。後者の場合、家畜を飼養する牧草地は、オープンアクセスの場合と、企業や地主など誰かの所有地であるかの違いが生じる。遊牧を牧畜の一部とみる機能論では、遊牧を放し飼いの特殊なケースとしてみるが、しかし、現代の牧畜では、家畜のいのちを支えるものは自然の牧草ではなく、農地で栽培された牧草、しかも栽培されるのは野生の植物ではなく、牧草として品種改良されたそれである。さらに第二章で述べた農耕の四段階のうち、第三段階に入ると、本来が人の食料である穀類が家畜の飼料として使われるようになった。つまり、現代牧畜は、ある一面では明らかに、農耕によって支えられている。この意味では、牧畜は遊牧が生み出した家畜やその飼養にかかわる知や技術と農耕のそれとが融合した生業だということができる。

歴史をみると、遊牧と牧畜の関係はまた違ってみえてくる。欧州とくにその北部では、植物性の資源も乏しく、作物の生育もごく貧弱であった。ここに入り込んだゲルマン民族はもともと遊牧民であったこともあって、定住生活を営むようになってからも家畜の飼養は必須であった。阿部謹也によると、中世ドイツの都市では、城のなかでブタを飼っていたというし、またヒツジの群れも、朝城門から出し、夕刻には城内に入れていたという。この時代のドイツでは遊牧の産物であるヒツジたちは「定住」生活を送っていたのである。中世に至るまで、北部欧州では畑には冬作物のコムギなどと夏作物のエンバクなどが栽培されていた。冬、夏の耕作を何度か続けると地力が衰え、したがって休耕が要る。ところがここで農業に新たなイノベーションがおきた。この体系に家畜の飼料としてのカブや、クローバーなどのマメが導入されたのである。マメは、インドの生業のところで詳しく書いたように、大気中の窒素をうまく吸収して地味を肥やす働きを持つ。またカブは冬における家畜の餌に使える。これで、人びとは家畜を通年飼うことができるようになった。それまでは、動物性の食材は、秋には家畜を屠畜《とちく》して肉を保存しておくよりほかなかった。ドイツで発達したハムやソーセージは、夏から秋にかけて森で放し飼いしていたブタを一気に殺してその食肉を保存しておくための手段として発達したのである。

家畜の飼養が一方的に農耕に寄生していたのかといえば、そうではない。家畜の排泄物《はいせつぶつ》は、作物の栄養分としてきわめて重要な位置を占めていた。そうでなくても、欧州の北部では土地はやせ植物の生育は悪い。当然、作物の生育に必要な栄養分は潤沢ではなかった。排泄物を作物の肥料に利用することで、家畜の飼養は作物の栽培に貢献していた。両者は、持ちつ持たれつの関係にあったということができる。

牧畜の類型

さて、先に牧畜の遊動性《モビリティ》の違いについて書いたが、この遊動性の違いだけでなく、ユーラシア各地の牧畜のスタイルは多様である。ここでは、ヒマラヤ山麓のブータンにもみられる移牧（トランスヒューマンス）について書いておく。ブータンはヒマラヤの南の山麓に位置する面積が九州ほどの小国で、最近では国王が「国民総生産」（GNP）ならぬ国民総幸福量（GNH）という考え方を示したことでにわかに注目された。わたしも一九八九年と一九九一年の二回この国を訪れた。わたしたちの通常の感覚では貧しい国ではあったが、チベット仏教の寺院が全土に散らばり国民の多くがその敬虔《けいけん》な信者である点、さらにおだやかな国民性など、GNHという考え方の背景は理解ができた。

ブータンの生業のスタイルは、一口でいえば稲作をはじめとする農耕と、チベット文化の影響を色濃く受けた遊牧の二つの生業のミックスされたスタイルであるといえる。この国の農業指導に一生を捧げた西岡京治《にしおかけいじ》、里子《さとこ》夫妻によると、こうである。

「（ブータンでは）各家で雌牛を持っているのだが、その牛は低地に住む人との共有の場合が多く、冬の間（十月から四月）は低地の人が飼い、五月になると放牧しながらパロまで上がってきて、それ以後夏の間はパロの人のものとなる」（『ブータン　神秘の王国』）。もっともパロ近くはウシを飼う環境にはなく、さらに高度の高いところで飼うので、そのために人を頼んだりしなければならず、ミルクや乳製品もそれほど潤沢なわけではないという。

しかし、食事の面でも他地域の米作社会のそれとはずいぶん異なり、人びとは米を食べながらチーズや肉、トウガラシのチーズ煮込を食べるという具合で、二つの要素をミックスしたような食事スタイルをとる。

この国の乳製品の多くは、標高が三〇〇〇メートルを優に超える山岳地帯に住むヤクを中心とする家畜のミルクから得ている。ヤクの頭数は、一九七二年にNHK取材班を率いてブータンの撮影旅行を敢行した後藤多聞《ごとうたもん》によると、当時で北部ガサ県だけで一万頭のヤクがいたという。ネットなどをみても、ヤクの頭数は三万頭ともあって、これは国の総人口七〇万と比べるととても多い。

さて、後藤の著書（『遥かなるブータン』）には、ブータンには「幻の」遊牧民がいるとあって、その居住地である北部のラヤ村への旅行記がつづられている。当時のこと、車はおろか人が満足に通れる道路もなく、その旅は難渋を極めたようだ。比較的高度の低い土地には森林が広がり、山からの水が地表面に出る土地ではヘビ、ヤマヒル、毒虫やマラリアなど、あらゆる種類の動物の攻撃を受ける。標高の高い土地は空気が薄くなり、また温度も下がって移動が困難になる。ラヤへはウマに乗るなどして旧都プナカから六日かかったという。こうした理由から、遊牧民の土地は農耕地帯とは隔離された「秘境」になるというわけだ。

秘境ラヤの人びとの暮らしは、ヤクを中心とする家畜の飼養で成り立っている。とくにミルクを使った乳製品（チーズ、バターなど）が主で、それにオオムギやソバの栽培が補助的に行われる。また、ヤクの乳製品は、ヤクやウマの背に積んで、首都やその周辺に運び、そこで米やトウガラシなどの食料品、さらに必要な生活物資に換えるのだという。また、人びとは、夏営地と冬営地を持ち、夏冬をそれぞれのキャンプ地で過ごすらしい。本拠地である冬営地には、ゾン（チベット仏教の寺院でもあり、また行政庁でもある）があるというから、ラヤの人びとの暮らしは、遊牧というより、ヨーロッパ・アルプスなどにみられるトランスヒューマンス（季節により山の高いところと低いところを移動する移牧の一種）の類型といってよい。

ブータンでは一九五五年まで、王自身が、夏には今の首都であるティンプーに、また冬にはこれより数百メートル標高の低いプナカに滞在して執務したという。行政の機能もこれにつれて移動したのだろうから、国自体がこうした移動のシステムに親和的であったといえる。このことをみても、農耕民＝定住民、遊牧民＝移動民という、単純な図式ではすべてを理解することはできないことがよくわかる。

水と出会ったコムギ

二つの文化は、食の上でも融合している。コムギは、一部の限られた品種を除いて冬作物である。つまり、秋に播いて春に収穫する。そのため、春に播いて秋に収穫するイネとは、作期上の競合関係はない。一年のうちに、同じ場所でイネとムギを作ることも可能である。水田に開かれた土地はもともと多湿で、そのままでは麦作には向かないのだが、人口密度の高かったモンスーン地帯では、穀類の生産に対するモチベーションは常に高かった。人びとは、水田のあと地に畝《うね》をたてるなどして少しでも水分を取り除く方策を考え、ここでコムギを栽培するシステムを構築した。裏作の麦作である。

コムギと水の出会いは、食にも新しいイノベーションをもたらした。コムギは、穀類としては例外的に高タンパクの種子を持つ。このタンパク質を使ってできた麩《ふ》、醬油などの食品はモンスーンアジアに固有である。どちらも多量の質のよい水がなければできない食品で、その意味で、これらの食品はコムギと水の邂逅《かいこう》がもたらしたものともいえる。

麩は、小麦粉を水でねるときに合成されるグルテンというタンパク質が作る弾力に富んだ食品で、精進料理の素材として重宝されてきた。生のままでも食べられるが、焼いて乾燥させれば保存性が格段に高まった。これはとくに高タンパクなので、動物性の食材を禁忌する仏教寺院などで盛んに用いられた。麩は、西アジアのコムギ、モンスーンアジアの水、インドの仏教という三つの異なる風土の合作であるともいえる。水と出会って麩のような食品を生んだことで、コムギははじめてタンパク源として認識されたともいえる。

醬油は、水とコムギとダイズに発酵が加わってできた食品である。製法は、一例ではコムギとダイズを加熱し、さましたうえで麴菌を作用させて発酵させたところに食塩水を加えてさらに発酵させ、寝かした後に搾って作る。醬油が今のかたちになったのは室町時代以降のことといわれ、それ以前は、搾る前の状態の醬《ひしお》が調味料として使われていたらしい。

小麦粉を水に溶いて作る食品は、麺はじめ多岐に及ぶ。これについては石毛直道の『麺の文化史』、あるいは奥村彪生《おくむらあやお》の『日本めん食文化の一三〇〇年』に詳しいのでそれらに譲るが、日本のうどん、そうめん、ほうとうなどもこの系列に属する食品であることは覚えておいてよい。

水に出会ったことで、コムギ食の多様性もいっそう大きくなった。それまでの「焼く」だけから、「煮る」や「ゆでる」という方法が加わり、加熱法に幅が出たためである。タネを蒸した「蒸しパン」の類には、中国料理の饅頭《まんとう》やシュウマイなどがある。日本でも、とくに関西で根強く支持される「豚まん」や「あんまん」もその変形といってよいだろう。煮る料理の代表は、ワンタンや餃子《ぎょうざ》など。日本では餃子というと焼き餃子が連想されることが多いが、中国では圧倒的に支持を集めるのが水餃子《すいぎょうざ》である。人びとはこれを「すいぎょう」と呼び、スープのようにして楽しむ。

揚げるという手法もおそらくは中国で生まれた調理法である。小麦粉を水で溶いて作ったタネを揚げるといえば、ドーナッツを思い出すという人もいようが、アメリカ生まれのドーナッツなどより中国の揚げパンのほうがずっと古い。また、小麦粉の食品は今ではモンスーンアジアの広い地域でさまざまに形を変えて定着している。少し変わったところではタイの中央平原にみられるパトンコーといわれる揚げパンのような食品があり、作り方は他の揚げパンと変わるところはないが、そのX字型のかたちは他の地域にはみられないものである。人びとはこれを朝食代わりに食べている。このパトンコーを含め、モンスーンアジアのコムギ食はその多くが華《か》僑《きょう》によって運ばれたものであり、やはりそのルーツは中国にあるといえるだろう。

また「焼く」という調理法にもバリエーションが生まれた。日本でもふつうのタネにさらに水を加えてドロドロにしたものを鉄板で焼いて調理する「お好み焼き」や「たこ焼き」、さらに東京の「もんじゃ焼き」など、いわゆるB級グルメと呼ばれるファーストフードが大人気を博している。水溶きの薄いタネを鉄板で焼く調理法は、インドシナのクレープでもおなじみである。

ミルクと出会った米

本書でも統計資料の出どころとしてしばしば登場する国連食糧農業機関（FAO）の本部はローマにある。わたしがそこを訪れたのは二〇一三年の春であった。国連機関の本部だけあってなかなか立派なビルだったが、その最上階にレストランがあるのはさすがだと思った。わたしはそこで昼食をとったことがあるが、さまざまな米料理がアラカルト風に並んでいて、一度にさまざまな米料理を楽しむことができた。そのなかに、ゆでただけの大粒の米が山と盛られた一品があって、わたしはそれをどのように食べるのかと聞いてみた。すると給仕の職員の答えはこうであった。

「これにホワイトソースをたっぷりとかけて食べるんだ」

さすがにそれではこの一品だけで満腹になってしまいそうでソースのほうは辞退したが、ご飯だけを少量もらって食べてみた。日本の米の感覚でいえばうまいとはいえないが、歯ごたえのあるご飯だった。

ほかにもいろいろな米料理があった。チャーハンかピラフのようなもの、ミルク粥風のものや米のプリンなど、じつにいろいろだった。米は、ムギ農耕の風土にも、粒食のままちゃんと根づいていた。

コムギが東進して水に出会ったように、米もまた西に進んでミルクに出会った。イネと稲作、それに米はおそくとも紀元前後までには欧州に到達している。紀元前四世紀のマケドニアの王であったアレクサンドロス三世がインド侵略の際に持ち帰ったという言説が有名だが、本当のところはわからない。『博物誌』という当時の百科事典を編纂《へんさん》したプリニウス（二三～七九）も米について次のように言及している。

「イネの葉は（中略）長さ一クビトゥム（約四四センチメートル）で、紫の花をつけ、宝石のような丸い根をしている」（『プリニウス博物誌』）。イネについての記述はほかにもあって、この時代の欧州の知識人はイネのことをある程度は知っていたものと思われる。なおこの書籍はラテン語からの翻訳で信頼度が高いと思われるが、もうひとつの英語版からの邦訳にはイネの名は直接には出てこない。

ともかくも、欧州の地中海沿岸のイタリア以東の地域では、米はミルク粥として食されることが多い。リゾットである。ミルク粥は麦農耕のゾーンでは広範にみられる食で、使われる穀類は、ひき割りの麦たち（これがオートミールである）、キビやアワなどの夏雑穀、ソバ、カブと応用範囲が広い。ほかにもフランスなどには、「ニース風サラダ」などというメニューもあり、ゆでた大粒の米が野菜などの上にトッピングされる。

米は、欧州にたどりつくまでの間に肉にも出会っている。中央アジアで生まれたといわれるピラフは、もともと、よくゆでたヒツジの肉のゆで汁で米を炊き、上からその羊肉をトッピングした料理である。ともかく、米は、麦農耕のゾーンを通る間にミルクや肉と出会って固有の料理を生み出した。先のコムギの例と同じく、異文化交流を果たしたのである。ただし米はここでも粉に挽くことなく粒のまま使われた。

定住文化と移動文化のかかわり

もうひとつの対立構造

さて、人類の生業の間には、もうひとつ大きな対立の構造があった。それが遊牧を含めた農耕と狩猟・採集との間の対立、とくに農耕文化と狩猟・採集文化の対立である。この対立の構造は人類が農耕やそれに類する生業を覚えて以来ずっと続いてきたもので、その意味では数万年の歴史を持つといって過言ではない。先の、農業民と遊牧民の対立軸は、日本人にはもうひとつピンとこなかったが、この対立軸は日本列島にもあったのでわりに理解しやすいのではないかと思う。

集落とその周辺の広い意味での農耕地を含む範囲を農耕域と呼ぶことにすると、農耕域の外側は狩猟・採集域ともいうべき土地であった。農耕と狩猟・採集との対立とは、農耕地と狩猟・採集地という土地の利用形態をめぐる対立であったともいえる。農耕社会の論理にしたがえば、農耕地に入り込んでくる動植物は害獣であり、また雑草である。いっぽう、狩猟・採集社会の論理では、土地の利用形態によらず、大切なのは狩猟・採集の対象となる動植物それ自体である。このことは、山菜採りや魚釣りに興じる現代日本人の心象にもよく表れている。狩猟・採集社会から農耕社会への変化がゆるやかであったということになれば、二つの文化の間には狩猟・採集文化から農耕文化への中間的段階があったということになる。実際のところ農耕だけに頼る文化はいまだかつてこの世には存在していない。農耕への依存度がきわめて高いと思われる今の日本文化でさえ、食の一部は、いまだに狩猟と採集によっている。多くの人が春の山菜採りや潮干狩り、秋のキノコ狩り、川釣りや磯釣りなどをレジャーとして楽しんでいる。そのウェイトは地域によっても違うが、ここ一年、これらの行事になにも参加しなかったり、または天然のキノコや山菜を食べなかったという人は決して多くない。なにより、和食を支える食材のひとつである魚類は、いまだにその多くがいわゆる「天然もの」である。そして養殖ものと天然ものとを並べられれば、天然ものを選ぶ人が多くいる。現代日本人の心のなかにも、狩猟・採集への回帰の心がいまだに残っているのである。

春に山菜を採る人びと、とくに都会から田舎に出かけてくる人びととは、目的の山菜をみつけたとき、その場が誰の土地であるかと考えることなく入り込んでその山菜を採るという人も多い。ヤマイモを掘るのも同じで、許可なく他人の土地を掘り返す。ただし、狩猟・採集民たちはみかけた資源を手あたり次第にとっているのではない。むろん乱獲によって絶滅してしまった動植物は多数あったが、一部は今にまで残されることになった。そこには狩猟・採集社会における「知」があったとみるべきであろう。現代日本では、こうした知がもはや失われつつあって、それが山菜採りやヤマイモ掘りのモラルの低下に結びついている。

「妖怪」たちとのかかわり

わたしがまだ幼かったころ、寝る前に祖母に読み聞かせてもらった物語のなかに、「山姥《やまんば》」、「鬼」、「天狗《てんぐ》」といった、現代の「妖怪《ようかい》」に属すると思われる存在がしばしば登場した。「早く寝ないと山姥がやってくる」「鬼が悪い子を連れて行く」などと脅され、不承不承眠りについたものだった。今の子らの世界では、山姥も天狗も、すべてはアニメに登場する「キャラクター」に還元されてしまいそうだが、昔の人びとは、こうした存在に何をみていたのだろうか。国際日本文化研究センターの小松和彦《こまつかずひこ》はこれら「妖怪」には、異文化を持った人の社会の影をみるといっている。わたしが気になるのは、これらと、日本の中世以降、記録によく登場する住所不定の人びとの存在である。白拍子《しらびょうし》と呼ばれた芸能集団は踊りや舞を奉納しては糧を得ていたし、またときには権力の中枢に入り込んで情報をとるなどの諜報《ちょうほう》活動を展開していたようでもある。木地師《きじし》とは、文字どおり木工集団に属する人びとで、樵《きこり》たちと組んで材を切り出し、木製の器を作ったり漆塗りの木地にするのを生業としていた。彼らもまたひとところに定住せず、各地を渡り歩いていた。これらの人びとの大半は今はもういないが、マタギと呼ばれる人びとは、今も東北地方の白神《しらかみ》山地などに生きつづけている。彼らもむろん今では定住し農業などを営み、狩猟・採集を従とする暮らしをしているが、狩猟地に出かけた際には昔の流儀はきちんと守っている。

時代や場所を限らずにいえば、日本列島には、ほかにもさまざまな呼称で呼び習わされた移動民たちがいたようである。近世に入り、農民や女性の旅を厳しく禁じるなど国家による強権的な定住化政策によってそれらの人びとが虐げられ、現代に至る差別のもととなったのは不幸な歴史の一コマであった。多くの研究者がいうように、こうした流浪の人びとは明治時代以降の近代化政策によって次第に定住の道を歩んだものと思われるが、近世以前には列島の相当部分の土地がこうした人びととの狩猟や採集など生業の場であったことは想像に難くない。中世までの日本列島、いや、ある意味では近世までの日本列島には、定住社会と定住社会の間――いわば隙間《すきま》――にこうしたノマドの人たちの空間が広がっていたことだろう。その存在は、農耕社会の側からみればまさに魑魅魍魎の住む世界であった。

わたしは、日本人の感覚のなかに根強く残る「奥山」への恐れと好奇心の感覚の少なくとも一部が、こうしたかつての狩猟・採集民の末裔《まつえい》たちとの摩擦・接触の記憶によるのではないかと思っている。ただし高速道路が列島各地をつなぎ、グーグルアースの画像が列島のほとんどすべての土地のありようを高精度でネット上に配信するようになった今では、こうした記憶は急速に薄れ、やがて消えゆくであろうことは確かである。だが、少なくとも二〇世紀を生きていた人びとの間では、その「記憶」は、どこかで現実社会との接触を持ちつづけていたように思う。そしてそうであったからこそ、さまざまな妖怪が人びとの心のなかに、共通の存在として生きつづけ、物語の世界を構成してきたのではなかったか。「奥山」は、オオカミやクマという猛獣の住みかであるばかりか、異質な生業につく異質な集団の棲む場だったのではないかとも考えられる。今はちょっとした妖怪ブームになっているが、その意味で、妖怪研究とは日本列島の過去に現存した異なる社会集団の研究でもある。

海の生業をどう考えるか

海に生きる人びと

海、とくに大海は、人の移動を妨げ文明や文化を隔絶する装置として働くと考える人は多い。日本の一部の地域では海のかなたに浄土があるという補陀落渡海《ふだらくとかい》の信仰もあったくらいで、海の向こうはまったく未知の世界であった。たしかに、大海の真っただ中はなにもないところである。そこは水さえない死の世界である。海には水ならいくらでもありそうなものだが、海水は塩分のため飲み水にならない。人が海の上で脱水で死ぬのはそのせいである。海洋の真っただ中は、たしかに人の住める場所ではない。いや、そこは意外にも、死の世界でもある。むろんまったく無生物というわけではないが、食料となるものは魚を含めてあまりない。海の生態系にも食物連鎖がある。陸域から供給されるミネラルが沿岸のプランクトンを育て、それを食べる小型の魚種がさらに大型の魚種を支え、そしてそれらを回遊してきた大型の回遊魚たちが食べている。回遊魚の回遊のルートは、餌となる、より小型の魚種の存在のほか、水温や海流など多様な条件で決まる。ただし彼らも、食物のない海域を自由に泳ぎ回っているわけではない。だから、大海の真ん中には漁船さえ入り込まないところがある。かつて大海原は、ごく限られた定期航路という「線」に沿った狭い部分を別として、上空を飛ぶ航空機さえなかった。人工衛星の画像の普及やGPSの発達によって地球上のあらゆる土地が「監視下」におかれるようになるまで、大海原の真っただ中は、未知の空間であったともいえる。そしてそれは、おおかたの「日本人」がそうであった農耕民の感覚でもある。

いっぽう海に生きる人びとは昔からいた。人類は沿岸部だけでなく、大海の真っただ中にも舟をこぎ出し、一万年以上も前にはベーリング海を渡って新大陸に達した。紀元前後までに孤島と呼ばれる島々にも到達した。いな、人類がアフリカを出たときから、海との付き合いは始まっていた。『人類は海辺で進化した』という書物もあるくらいだから、人類は海との親和性の高い哺乳類であるといえる。

　ところで、大海は砂漠と似たところがある。どちらも人口密度がきわめて低い。飲み水や食料に乏しい。人がひとりで、あるいは小さな集団で暮らしてゆけるところではない。要するに、どちらも、人類の生業の舞台にはなりえなかった。そのかわり、遮るものがあまりなく、交通手段さえ手に入れればよい交通路になり得る。文字どおり千里万里を走ることができる。このようなわけだから大海や砂漠はあってなきがごとし、文字どおり空気のような存在、地図上から取り去ったところでどうということのない存在であった。だから欧米の世界地図には太平洋がなかったし、日本の世界地図には大西洋がなかったのである。

　大海には、多数の小さな島が点在する。これらは、まるで大海の奥深くに達する飛び石のようにに散らばっている。実際人びとは、太平洋に散らばる島づたいにハワイにまで達したのである。島は、一つひとつは小さいが雨水に支えられた森を持ち、人びとは小さな畑でサトイモなどの根栽を栽培したりブタなどを飼ったりして暮らしをたてている。また島によってはサンゴ礁を擁して、環礁の内側は格好の漁場ができている。

　これら大海の小島の位置づけは、砂漠ではオアシスのそれに相当する。大海や砂漠の交易路は、これら島やオアシスを線で結ぶことで成立した。そこはまた、水と食料の基地でもあった。大海に島がなければ、そして砂漠にオアシスがなければ、グローバルな交易の開始はずっと遅れたことだろう。なお、この交易についてはまたあとで書くことにする。

沿海漁獲と農耕の不思議な関係

いっぽう、「虫の目線」でみると、陸地に接する沿岸部の海は、人びとの暮らしと深く結びついてきたことがわかる。そこでは、海産の生物を採ったり、あるいは魚類を捕獲する漁撈のシステムが成り立っている。漁撈の性格からみて、それは一種の狩猟であるともいえるが、漁撈と農耕の間にも、農耕と遊牧の間に生じたのと同じような、一面では共存、他方では対立という複雑で流動的な関係が存在する。

一般的には対立の構造のほうがみえやすいので、こちらから説明しよう。沿岸漁業と農耕の対立の構造は、狩猟・採集と農耕の対立の構造そのままである。そして、農耕勢力の拡大が狩猟・採集民の活動を隅に追いやってきた構造も時代と場所を越えてかなり普遍的である。最近両者の対立が社会の注目を集めたのが諫早《いさはや》湾の干拓をめぐる佐賀県と長崎県の争いである。争いは、表面上は二つの県の間の利害対立にみえたが、背景にあるのは伝統的な干潟であった諫早湾の一部を埋め立てて農地にしようという施策であった。干潟の埋め立てはすでに近世に始まっていた。干拓事業は、一九六四年の八郎潟《はちろうがた》の干拓でピークに達した。そのたび沿岸漁業は廃業に追い込まれた。

漁獲、とくに沿岸の漁獲を支えてきたのは、川を通じて提供される森からのミネラルであった。川の流域の森林が健全であれば、川の水量も一定し、ミネラルの供給も安定的に行われる。伊勢《いせ》神宮では古くから、背後の鎮守の森の管理にはことのほか気を遣ってきたという。経済面だけで考えれば、神宮の森には二〇年に一度の遷宮のためのヒノキ材が供給されればそれでよい。だが、神宮の方針としては、沿海の海から奉納されるさまざま魚介――たとえば干しアワビのためのアワビなどの貝類、魚など――のために、五十鈴川《いすずがわ》を介して海に流れるミネラルに配慮して広葉樹がバランスよく栽植されているという。「魚《うお》つき林《りん》」である。つまり、最近はやりの語でいうところの、森川海の連関が、一種の在来知として認識されていたということになる。もうひとつの例として、地中海の北部、エーゲ海に面するギリシアの古都テサロニキの農耕と漁撈の関係について書いておこう。

比較的魚に縁遠いと思われる欧州の食だが、そのなかにあって魚食文化が発達しているのがノルウェーやアイスランドなどの「海の北欧」地域とポルトガル、それに地中海だろう。とくに南仏やスペインにはその印象が深い。またトルコも豊かな魚料理で知られ、地中海全体がさも魚食文化のセンターであるかに思える。しかし統計資料によると、それがそれほどでもないことがすぐに知れる。

まず、地中海第一の魚生産国はエジプトである。ナイルのミネラルがナマズはじめ海の漁獲を支えているようだ。他は、アドリア海、ローヌ川河口付近の南仏など、いずこも大小の河川が海に注ぐあたりが魚の産地になっている。地中海は、ナイルを別とすれば大河のない海である。

では、目立った河川のないギリシアなどはどうだろうか？　わたしは二〇一三年六月に、ギリシア北部のテサロニキを訪れる機会を偶然にも得ることができた。ここは昔のマケドニアの中心だったところで、ローマほどではないにせよ町中が遺跡であふれていた。

ギリシアは二〇一〇年ころから経済危機に見舞われ、首都アテネも治安が悪くなっていると伝えられていた。わたしは、アテネ経由でテサロニキに入るのを嫌って、ミュンヘンから空路テサロニキに入るルートを選んだ。飛行機は、ミュンヘンを出るとアルプス上空をその東端で越え、バルカン半島を縦断してテサロニキへと向かった。飛行機がテサロニキに近づくにつれて山からは樹影が消え、むきだしになった岩などが目立つようになっていた。前方にエーゲ海がみえるようになるころには、眼下の土地は乾き、ところどころにオリーブかなにかのこんもりとした背の低い木々が行儀よく並んでいるのがみえるばかりとなっていた。

ここを訪れたのはある学会に出るためだったが、わたしにはもうひとつ目的があった。ギリシアの稲作をみるためである。あまり知られてはいないが、ギリシアでは小規模ながらも稲作が行われている。しかも水田地帯はテサロニキの近くにあるという。だが、航空機の上から、その場所を特定することはできなかった。

テサロニキに滞在した一週間、わたしは、海外に出ればいつものことながら朝昼晩と食べ歩いた。とくにここでは魚料理を食べ歩いた。驚いたことに、魚料理は豊富だった。魚種もイカ、サバ、イワシらしい種類などがあり、結構豊富だった。市場にも行ってみたが、鮮魚店の数も多く、かつどの店にも新鮮な魚が所狭しと並んでいる。もっとも調理法はいたって簡単で、塩胡椒《こしょう》をしてソテーしただけというのがほとんどだった。

先に述べたように、和辻哲郎はその『風土』で、地中海について詳しく触れ、そこを磯の香りのしない海と表現している。日本では、磯にはそれ固有の生態系を構成する海藻や動物たち、さらにそれらと共存する微生物が生きている。それが磯の香りになるのだ。地中海にその香りがないということは、そこには磯の生態系がないことを意味する。

わたしは、テサロニキで、磯の香りがするかしないかを確かめてみた。テサロニキの東方五〇キロメートルほどのところにある、とあるビーチでは磯の香りはしなかった。しかし、おもしろいことに、西三〇キロメートルほどの水田地帯近くの海では、たしかに磯の香りがした。エーゲ海も、その場所によっては磯の生態系が発達し、魚資源を育み、そして磯の香りを発するのである。「地中海は痩せ海」という、和辻哲郎の有名な指摘は大枠において誤りではないが、ところによってはそうではないということだろうか。

森川海の連関の環のなかにはもっと大きな環も存在する。総合地球環境学研究所の、通称アムールプロジェクトでは、アムール川からオホーツク海に流れ込む鉄分を追跡し、アムールから流れ込む鉄分がオホーツク海の漁獲資源を支えるひとつの供給源になっていること、アムール川流域の農地開発などが、鉄分の源である森林を減らし、鉄分などミネラル提供の足かせになり得ることなどを、ひとつの仮説として提示した。この仮説が正しければ、農耕と漁撈の間にはたしかにトレードオフの関係が成立することになる。白岩孝行《しらいわたかゆき》らは、この連鎖の環を、

「巨大魚つき林」と呼んでいる。「巨大魚つき林」は大きすぎてふつうの生活者にはみえないが、魚つき林という認識は日本では近世までに成立し制度として社会に定着していた。森林資源の適切な保護と管理が沿岸の漁獲を支えるという思想である。海が陸を支える存在になったこともある。ここでは、近世、近代の北海道のニシン漁について触れておこう。近世末から明治時代にかけて、日本海は毎年、ニシンの豊漁に沸いていた。可食部分はもちろん加工され、さらにみがきニシンのような保存食に加工されて京都など都市部に運ばれ、動物性タンパク質として人びとの身体を支えた。そして残りの非可食部分、つまり骨や頭の部分も細かく砕かれ、いわゆる魚カスとして主に西日本に運ばれ、肥料として盛んに用いられたのである。

もしこの森林が、たとえば農地の開発などで伐られると、ミネラルの供給が絶たれるばかりか、ちょっとした雨が川の増水をもたらしたり、反対に少雨が続くと川はすぐ渇水してミネラルの供給が絶たれるなどの弊害が生じる。つまり、沿岸の漁獲を守るには、陸域の土地利用の摂生《せっせい》が必要である。農耕と漁獲とは、森林を含む土地利用のあり方をめぐって相互依存的でも、また対立的でもあったといえる。

養殖をどう考えるか

人類の生業のなかで、水域の資源を利用する漁獲は世界中に展開する重要な生業のひとつである。そして野生動物の捕獲という意味では、漁撈は狩猟の一部に位置づけられるものである。

天然資源の捕獲を中心とする漁撈にあって、養殖は特殊な位置にいる。養殖の方法は魚種によって異なるが、原理としては生簀を使って魚を販売の直前まで飼育する。卵から成体への養殖、そして産卵までという生活環全体を通じた養殖は一部の魚種を除いて成功していないから、魚の遺伝的改良は進んでいるとはいえない。その意味では、現段階では、数万年〜一万年ほど前に人類が陸上で行った、野生植物の栽培化の段階と類似している。養殖は、海における栽培化の初期段階、と位置づけてよい。

養殖が、初期農耕における野生植物の栽培の段階と類似している点がもうひとつある。農耕のはじまりは、土地の占有という、それまでにはなかった新たな土地制度のはじまりであった。養殖も、大型化した装置を海面に設置するわけだから、海面を、所有はせずとも占有はすることになる。

したがって養殖の普及は、海面の占有化という、今までに人類が経験したことのない局面を迎えているといえる。養殖の意図は、資源の管理にある。つまりある魚種を、安定的に、あるいは需要の予測を見込んで、計画的に生産することである。理想的に考えれば、養殖は資源の枯渇、種の絶滅を食い止めて、将来にわたって当該資源を持続的に利用するにはよさそうである。しかし実際は、いくつか大きな問題を含んでいる。

まず、養殖の生簀が増えて沿岸を埋めつくすと、海の景観そのものが大きく変わってしまう。かつて海岸沿いに広がっていた海辺の景観は、早晩その姿を大きく変えてしまう危険性もある。

景観の変化については、その可否をめぐって議論がある。一般的には、年長者は過去の景観にこだわり、年少者は新しい景観を受け入れようとするので、景観保護をめぐる議論では、出口はなかなか見出せない。

しかし、海洋汚染となると、問題は価値観の相違にはとどまらなくなる。養殖場では、養魚に餌を与えなければならない。自然の生態系のままでは、陸上と同様、動物の人口支持力は低いので、養魚場のように多数の個体を維持することができない。多量の餌を与えると、その場の人口支持力は高くなるかもしれないが、周辺海域では富栄養化が進んで、沿岸域の環境もまた破壊されてしまう。このことは、一九七〇年代以降東南アジア各地で行われてきたエビの養殖で経験済みのことである。また現段階では、養殖で使われる餌もまた、漁獲資源であることが多い。養殖の広まりで、餌となる資源の枯渇が懸念されている。それに、エネルギーの効率も問われるところである。マグロの養殖では、一キログラムのマグロの刺身をとるのに、一〇キログラムのイワシが必要といわれる。もしこのイワシが人間の食料として消費できるのならば、一〇倍の贅沢《ぜいたく》、ということになる。

養殖の進行が、海の生物多様性に悪い影響を及ぼす危険性も指摘されている。養殖で扱われる魚種はごく限られているので、経済的にペイしない多くの種は、その生息地を追われることにもなりかねない。農耕開始の場では、生産性の低い種は、雑草として排除の対象となった。日本の沿岸には多様な魚種が生息するが、近い将来これらの多くが絶滅に追いやられたり、または「雑魚」として追われる日が来るのではないかとわたしは懸念する。これらの雑魚には、たとえば地方の港町のすし屋でお目にかかるような、地場の、旬の魚たちが含まれる。ちかごろはこうした魚の調理法や、場合によっては名称までが忘れられつつある。養殖は、いわゆる雑魚の絶滅を加速させるだろう。

養殖は、人間による沿岸環境の改変であるが、人類は、今を去ること数万年前に陸上で始めた農耕の営みと同じことを、今度は海で始めようとしている。これが、「いつか来た道」になるかならないか、現代人類の英知が問われているといえよう。

終章　未来に向けて

農業の登場によって、自己の食料を自分で生産しなければならないという呪縛《じゅばく》から解放された人びとは、次々に新しい生業、産業を生み出してきた。遊牧社会でも同じで、社会が組織化されさらにその拡大に向かって外にでてゆくようになるにつれ、専門家集団が生まれていった。これら食べるための生業から独立したさまざまな産業は、やがて自己目的的に増殖を始める。その過程で分業がどんどん進み、巨大産業へと「進化」してゆく。そしてさらに、化石燃料の大量消費を手にして電気を獲得し、電子革命をもたらした。人類はいっぽうでは、富を集積するための社会システム――資本主義を発明する。巨大産業をその実行部分で支えた労働力は、多くの地域では農業人口からの流入で賄われた。

そして現代。食にまつわる生業は、こうした工業の参入を得て分化し複雑な様相を呈している。もはや伝統的な三つの生業だけでは七〇億に及ぶ世界の人びとは食べてゆくことができない。生産された食材の運搬、包装、さまざまな加工、醸造、調理、販売や、これらを支えるさまざまな産業。また生産に関しても、灌漑のための水路の建設、化学肥料や農薬の生産、さらには台所家電や調理器具の生産など、挙げればそれこそ枚挙にいとまがない。

農業もまた、こうした多様な産業に支えられてその技術を高め人類の食を生産しつづけてきた。考えてみればしかし、多くの農業技術は、ものの循環を早めただけである。化学肥料は作物の生産を大幅に向上させたが、それは生育に必要なミネラルを、有機質の肥料を使った場合よりすみやかに植物体内に持ち込んだというだけのことである。そのぶんミネラルは土壌からすみやかに失われるようになり、その失われたぶんをまた化学肥料が埋めている。化学肥料の普及で作物の生産は大きくしたが、それは窒素の量が増加したからではない。作物が窒素分を吸収するための反応速度を速めただけのことである。技術の革新によって生産が上がったようにわたしたちは思っているが、それはじつは偉大なる錯覚なのである。

同じく、「資源の枯渇」もまたある意味では錯覚である。三大栄養素のひとつであるリンを例にとると、リンは太古の動植物の遺骸《いがい》や鳥類の糞などが化石化したものを使ってきたが、これらの資源はもはやほぼ枯渇しかけているといわれる。しかし、肥料として使われたリンは食物連鎖を通じて動物の体内に入り、排泄されたり、死んで分解されたりして水や土壌中に拡散しただけのことである。拡散はしたが、リンという元素そのものがこの地上から消えうせたわけではない。拡散されたリンを濃縮して再利用できるようにするには膨大なエネルギーを要することが問題なのである。

生業の近代化は自然の摂理からの乖離の過程でもあった。二一世紀に入って急速に広まった「野菜工場」は、野菜など農作物のいくつかを人工環境下で栽培するシステムで、安定的な生産、無農薬栽培、高い栄養価などを売りにしている。これらの売りの背景には、温度や湿度はいうに及ばず生育に必要な光の強さや波長を制御するといった現代の技術の粋が込められている。そしてそれらの技術によって、野菜は、太陽光を受けて大地で育つという、農耕が始まって一万年来変わることがなかった原則にはずれたところで育てられるようになりつつあるのだ。牧畜の世界でも、生殖のコントロールが進み、今では優れた性質を持つオス個体の精子を凍結保存しておき、必要なとき必要なところで使う技術が確立している。またニワトリの生産の現場では、遺伝的な改良に加えて餌や光のコントロールによって、計画的安定的な卵の生産ができるようになっている。トリの卵などもともと副次的な産物にすぎなかったものが、今では養鶏の重要な要素にまでなっている。卵は、動物にとっては次世代への遺伝子の伝達装置であり、その生産量の制御は一種の生殖の制御になっているのである。

いっぽう、こうした技術革新、農業生産の増加が、電気に支えられていることはいまや誰もが知る事実である。そしてその電気が、化石燃料に支えられていることを考えれば、現代における高い農業生産は今のままのスタイルで持続することは決してないことは明らかである。化石燃料が有限で、かつ資源量は決して多くないからである。地球システムが何千万年、何億年というスパンで作り上げたそれを、われわれ現代人は数百年というスパンで使いきろうとしている。これもまた、循環の速さによるものといえるだろう。

ところで、わたしたち人類が発明したインフラのひとつに「都市」が挙げられる。自らの食を他者に依存する人びとの集合である都市には、いまや世界人口の半数を超える人びとが住んでいるといわれる。都市は人口密度の高い空間である。人口密度の高まりは一家族当たりの占有面積を小さくし、必然的に調理場たる台所も縮小し、調理の種類を限らせた。頻発する都市火災が、一般庶民の火力の使用を制限したという指摘もある。いわれてみれば、いま世界の大都市に住まう人びとの食は、外食と、電子レンジや冷蔵庫の普及などに支えられた冷凍食品を含む中食によって支えられているといって過言ではない。

こうしたなか、和食の文化がユネスコの無形文化遺産に登録された。日本に暮らし、そこで食べる多くの日本人にとって喜ばしいことではある。所管する農林水産省によれば、登録されたのは個々の料理やそのメニューではなく、文化、つまり「日本の伝統的な食文化」である。そしてそのこころは、「多様で新鮮な食材とその持ち味の尊重」、「栄養バランスに優れた健康的な食生活」、「自然の美しさや季節の移ろいの表現」、「正月などの年中行事との密接なかかわり」の四つである。

しかし、世界には和食に限らず、地域名を付した食はいくらもある。そしてどの地域食も「伝統的な食文化」としての性格を持つが、それらが食文化として成立している背景には、その食材を生産する風土があり、その食材を組み合わせて調理する文化があり、そしてそれにマッチした食器やしつらえの文化がある。和食を例にさらに詳しくみてみよう。一汁三菜の「汁」は豊富な水の存在を背景にする。出汁《だし》のうまさは、多様な魚種があることのほか、軟水があることが条件になる。内陸に塩がなく、しかも川が急流であることが、日本列島の水を軟水にしたといわれる。

さらに南北に長く気候の変化に富むこと、火山列島であって複雑な地質を持つことから、採集の対象となる植物資源も多様で、またさまざまな栽培植物の栽培を可能にした。明確な四季が、「旬」をもたらした。複雑な海岸地形は海岸線を長くし、また潟湖の発達を促し、新鮮で多様な魚種の生息を可能にしてきた。多様な食材の存在は、こうした、気候や土地、地質の多様性に支えられているのである。全体として湿潤な気候は、また、発酵食品の発達を促しもした。

懐石を支えた茶の文化は、チャという植物や木、紙、タケなどモンスーンの気候帯に固有の植生に支えられた文化でもある。茶室というしつらえそのものが木の文化の産物である。木の椀《わん》、箸《はし》、膳《ぜん》などの什器《じゅうき》類も木の文化の産物であるといってよい。このようにみれば、和食の文化が、日本列島の気候風土やそれに育まれた文化によって支えられてきたことは明白である。

和食の背景の一番奥にある思想の底流にも、輪廻《りんね》の思想はじめ東洋の思想が流れている。そして、これらの思想体系自身がモンスーンの風土に育まれた多様な生物群に支えられてきたことを考えれば、和食の文化は日本の「風土」に支えられてきたというべきであろう。無形文化遺産に登録された和食のこころとは、日本の風土の、食というかたちでの発現にほかならないのである。そしてなによりも大切なことは、「文化遺産」つまり放置すればやがては消失してしまう危険性があるという認識を持つことなのではないだろうか。

世界文化遺産の登録をめぐって、和食とはなにか、たとえば、カレーライスやラーメンは和食かそうでないかという議論があった。さらには、和食の大きな要素が出汁にあるということで、出汁、うま味をめぐる議論もある。しかし、登録されたのは和食のメニューなのでもなければ、出汁や特定の食品なのでもない。登録されたのは文化なのだ。しかもそれが文化として根づいてきたのは、和食の文化が環境にもやさしく日本の風土にマッチしてきたからにほかならない。いくら和食がヘルシーだからといって、海の向こうの人びとから金にもの言わせて世界中から食材を買いあさって調理したところで、それはもはや文化としての和食でも何でもない。和食の再認識は、じつは日本の風土の再認識でなければならない。これがわたしの出した結論である。同時に、日本に限らず、それぞれの地域の食文化と風土の再認識でなければならない。

このように、食とは、地球システムのなかでの人類の営みなのであって、いくら技術が進んだところでこの根本原則が変わることはない。これを都合よく制御しようという現代社会の試みは、いったん動きだせばあとは永遠に動きつづける「永久機関」を作ろうという試みと何ら変わるところはなく、破綻《はたん》は目に見えている。繰り返し書こう。食の営みは、土を離れては、あるいは人と人との関係を切り離したところでは持続しえないのである。

おわりに

科学技術の進歩によって、今では、「米と魚」のような伝統的な食のパッケージの枠を超えた新たな食のパッケージができあがっている。その背景には、ほとんどあらゆる食材がほぼ何の制約もなく地球の裏側にまで運んでゆけるようになったことが強く関係している。そしてこれらをささえる化石資源が相対的に安価に置かれてきたこともその追い風になってきた。しかし、こうしたやり方は、地球システムが何百万年、何千万年という気の遠くなるような時間をかけてつくりあげた化石資源を、それこそ湯水のごとく使うことで可能ならしめてきたことである。化石資源を使いつくせば、このやり方は一切通用しなくなる。

言葉を換えていえば、こういうことだろうか。今までわたしたちは、「人は何を食べてきたか」に関心を払うことはあっても、「いかに食べてきたか」についてはそれほど深く考えてこなかったのではないか。それは、自分たちが地球という惑星の表面に薄膜のようにへばりついた厚させいぜい数キロの生存圏に他の生き物たちとともに暮らしてきたという事実に注意を払ってこなかったというのと同じである。

いや、わたし自身がそうだった。わたしにとっての転機は以前勤めていた総合地球環境学研究所で、農業と環境の関係を一万年のスパンで考える研究プロジェクトを動かす機会を与えられたことだった。予算と時間の関係から研究範囲はユーラシアに限られたが、この経験がわたしの研究者としてのキャリアに大きな影響を与えた。さらに、研究所には、このプロジェクトを支えてくれた研究者のほかにも、さまざまな国や地域のさまざまな環境を研究する人びとがいた。彼らとの接触の中で、わたしは、わたしが専門としてきたイネはじめ穀類の生産や消費の営みが、他の漁撈や遊牧の文化と深くかかわり分かちがたくつながってきたことを実感した。

何をいまさらといわれるかもしれないが、このように研究の対象や内容を深掘りしようとするあまり、全体を見渡すことを忘れてきたのは、今の学術の世界に生きる多くの研究者に共通する「病理」である。研究者の全員が、全体を見渡すような研究をする必要はない。しかし、他者とのかかわりを忘れないことは、すべての研究者が持つべき基本的なモラルなのではあるまいか。

むろん、だからといって、たとえば今すぐ役に立つわけではない人文学のような研究分野を軽視する風潮に与《くみ》することはできない。そんなことをすれば、その弊害は将来の人類全体に及ぶであろうことは疑いがないように思われる。

風潮といえば、現代社会における科学技術への過信、あるいは過度の期待も困った風潮のひとつである。わたしたちはいま、科学や技術のおかげで何でもできるかに思っている。気候不順で野菜の入荷が思うに任せないと、わたしたちはなぜ安定供給されないのかと不満を漏らすのもその表れである。野菜の生産が天候任せなのはある意味やむをえないことのはずなのに、である。

科学技術への過信は人びとを、ポスト化石資源の新資源が人類を救うという考えに導いている。食のシステムを、大量のエネルギーを消費する方向へとさらに進めるのか、それとも自然に沿って地域限定の小さなそれをオルタナティブなシステムとして残そうとするのがよいのか。人類の食は、いま岐路に立たされている。

＊＊＊

本書を著すにあたっては、さまざまな分野の専門家の方々にお目通しをいただいた。まず、全体を通しての通読を、間藤徹さん（京都大学、農学）と槙林《まきばやし》啓介《けいすけ》さん（愛媛大学、考古学）のお二人にお願いした。以下、お読みいただいた方々のご専門と所属を列記させていただく。

人類集団の移動については、篠田《しのだ》謙一《けんいち》さん（国立科学博物館、人類学）と関野義晴さん（探検家、医師）

狩猟・採集社会について、池谷《いけや》和信《かずのぶ》さん（国立民族学博物館、文化人類学）

遊牧社会とその文化について、小長谷有紀さん（人間文化研究機構、文化人類学）

インド社会の生業について、長田俊樹さん（元総合地球環境学研究所、言語学）

麦類のおこりについて、辻本壽さん（鳥取大学乾燥地研究センター、農学）
欧州の食について、山辺《やまべ》規子《のりこ》さん（奈良女子大学、西洋史学）

また、この一〇年ほど末席に名を連ねてきた「味の素食の文化センター」が主催する「食の文化フォーラム」では研究会での発表や討議がとても参考になった。とくに企画の責任者である南直人さん（京都橘大学、ドイツ史学）や、二〇一五年度の世話人である中嶋《なかしま》康博《やすひろ》さん（東京大学、農業・資源経済学）、江頭《えがしら》宏昌《ひろあき》さん（山形大学、農学）からは有益なご助言をいただいた。併せてお礼を申し上げたい。さらに、ここにお名前は記さなかったが、大勢の方々からも貴重なご提案やご指摘をいただいた。

なお本書ではたくさんの統計資料を利用した。統計資料は、その資料のとり方や扱いにより値がさまざまに変わる。FAOの資料と農林水産省のそれとで数値が大きく違っていたりするのもそのためである。資料の吟味には気を遣わなければならないが、この点も十分であるとは言えない。

むろん本書の記述についての責任はわたしにある。なにかの間違いがあれば、それはわたしの間違いである。

最後になるが、中公新書編集部の酒井孝博さんは、構想の段階から本書にかかわってくださるとともに筆の遅いわたしを辛抱強くお待ちくださり、ときには励ましてくださったりもした。酒井さんの存在がなければ本書は日の目をみなかったことだろう。ここに記してお礼の言葉としたい。

京・小倉山を望む寓居にて

佐藤　洋一郎

図版制作・関根美有

佐藤洋一郎（さとう・よういちろう）

1952年，和歌山県生まれ．1979年，京都大学大学院農学研究科修士課程修了．高知大学農学部助手，国立遺伝学研究所研究員，静岡大学農学部助教授，総合地球環境学研究所教授・副所長等を経て，現在，大学共同利用機関法人人間文化研究機構理事．農学博士．第9回松下幸之助花と緑の博覧会記念奨励賞（2001），第7回NHK静岡放送局「あけぼの賞」（2001），第17回濱田青陵賞（2004）受賞．

主著『イエローベルトの環境史　サヘルからシルクロードへ』（編，弘文堂，2013）
『知ろう食べよう世界の米』（岩波ジュニア新書，2012）
『食と農の未来　ユーラシア一万年の旅』（昭和堂，2012）
『麦の自然史　人と自然が育んだムギ農耕』（編著，北海道大学出版会，2010）
『ユーラシア農耕史　1～5』（監修，臨川書店，2008～10）
『イネの歴史』（京都大学学術出版会，2008）
『イネの文明　人類はいつ稲を手にしたか』（PHP新書，2003）
『稲の日本史』（角川選書，2002）など

食《しょく》の人類史《じんるいし》
中公新書 *2367*

2016年3月25日発行

著　者　佐藤洋一郎
発行者　大橋善光

本文印刷　三晃印刷
カバー印刷　大熊整美堂
製　　本　小泉製本

発行所　中央公論新社
〒100-8152
東京都千代田区大手町1-7-1
電話　販売 03-5299-1730
　　　編集 03-5299-1830
URL http://www.chuko.co.jp/

Published by CHUOKORON-SHINSHA, INC.
Printed in Japan　ISBN978-4-12-102367-4 C1222

中公新書刊行のことば

一九六二年一一月

いまからちょうど五世紀まえ、グーテンベルクが近代印刷術を発明したとき、書物の大量生産は潜在的可能性を獲得し、いまからちょうど一世紀まえ、世界のおもな文明国で義務教育制度が採用されたとき、書物の大量需要の潜在性が形成された。この二つの潜在性がはげしく現実化したのが現代である。

いまや、書物によって視野を拡大し、変りゆく世界に豊かに対応しようとする強い要求を私たちは抑えることができない。この要求にこたえる義務を、今日の書物は背負っている。だが、その義務は、たんに専門的知識の通俗化をはかることによって果たされるものでもなく、通俗的好奇心にうったえて、いたずらに発行部数の巨大さを誇ることによって果たされるものでもない。現代を真摯に生きようとする読者に、真に知るに価いする知識だけを選びだして提供すること、これが中公新書の最大の目標である。

私たちは、知識として錯覚しているものによってしばしば動かされ、裏切られる。私たちは、作為によってあたえられた知識のうえに生きることがあまりに多く、ゆるぎない事実を通して思索することがあまりにすくない。中公新書が、その一貫した特色として自らに課すものは、この事実のみの持つ無条件の説得力を発揮させることである。現代にあらたな意味を投げかけるべく待機している過去の歴史的事実もまた、中公新書によって数多く発掘されるであろう。

中公新書は、現代を自らの眼で見つめようとする、逞しい知的な読者の活力となることを欲している。

地域・文化・紀行

t2

2194 梅棹忠夫―「知の探検家」の思想と生涯　山本紀夫
560 文化人類学入門（増補改訂版）　祖父江孝男
741 文化人類学15の理論　綾部恒雄編
2315 南方熊楠《みなかたくまぐす》　唐澤太輔
92 肉食の思想　鯖田豊之
2129 カラー版 地図と愉しむ東京歴史散歩　竹内正浩
2170 カラー版 地図と愉しむ東京歴史散歩 都心の謎篇　竹内正浩
2227 カラー版 地図と愉しむ東京歴史散歩 地形篇　竹内正浩
2346 カラー版 地図と愉しむ東京歴史散歩 お屋敷のすべて篇　竹内正浩
2335 カラー版 東京鉄道遺産100選　内田宗治
2012 カラー版 マチュピチュ―天空の聖殿　高野潤
2201 カラー版 インカ帝国―大街道を行く　高野潤
2327 カラー版 イースター島を行く―モアイの謎と未踏の聖地　野村哲也
2092 カラー版 パタゴニアを行く　野村哲也
2182 カラー版 世界の四大花園を行く―砂漠が生み出す奇跡　野村哲也

1869 カラー版 将棋駒の世界　増山雅人
2117 物語 食の文化　北岡正三郎
415 ワインの世界史　古賀守
1835 バーのある人生　枝川公一
596 茶の世界史　角山栄
1930 ジャガイモの世界史　伊藤章治
2088 チョコレートの世界史　武田尚子
2361 トウガラシの世界史　山本紀夫
2229 真珠の世界史　山田篤美
1095 コーヒーが廻り世界史が廻る　臼井隆一郎
1974 毒と薬の世界史　船山信次
650 風景学入門　中村良夫
2344 水中考古学　井上たかひこ
2367 食の人類史　佐藤洋一郎

地域・文化・紀行

t1

中公新書

自然・生物

s 1

中公新書

環境・福祉

r1

- 348 水と緑と土（改版） 富山和子
- 1156 日本の米―環境と文化はかく作られた 富山和子
- 1752 自然再生 鷲谷いづみ
- 2120 気候変動とエネルギー問題 深井有
- 1648 入門 環境経済学 日引聡 有村俊秀
- 2115 グリーン・エコノミー 吉田文和
- 1743 循環型社会 吉田文和
- 1646 人口減少社会の設計 松谷明彦 藤正巌
- 1498 痴呆性高齢者ケア 小宮英美

中公新書

日本史

d2

科学・技術

1843 科学者という仕事 酒井邦嘉
1912 数学する精神 加藤文元
2007 物語 数学の歴史 加藤文元
2085 ガロア 加藤文元
2147 寺田寅彦 小山慶太
1690 科学史年表（増補版） 小山慶太
2204 科学史人物事典 小山慶太
2280 入門 現代物理学 小山慶太
2354 力学入門 長谷川律雄
2271 NASA―宇宙開発の60年 佐藤靖
2352 宇宙飛行士という仕事 柳川孝二
1856 カラー版 宇宙を読む 谷口義明
2089 カラー版 小惑星探査機はやぶさ 川口淳一郎
1566 月をめざした二人の科学者 的川泰宣
2239 ガリレオ―望遠鏡が発見した宇宙 伊藤和行

2340 気象庁物語 古川武彦
1948 電車の運転 宇田賢吉
2225 科学技術大国 中国 林幸秀
2178 重金属のはなし 渡邉泉